Vom Punkt zur Kugel
und zurück

Komm mit auf eine
Reise durch die Welt
der Geometrie

Christina Schmid
Prima.Publikationen

Inhaltsverzeichnis

Punkt
Hallo! Ich bin der Punkt. Und wer bist du? ... 8
Mittelpunkt oder Versteck ... 10
Rasterpunkte ... 12
Dein Bild aus Punkten ... 14
Wenn ein Punkt spazieren geht ... 16

Linie
... wird er zur Linie! ... 17
Launische Linien ... 18
Wettrennen der Linien ... 20
Turnende Gerade ... 22
Der rechte Winkel ... 24
Das Geometrie-Dreieck ... 26
Diagonale Rutschbahn ... 28
Einsame Parallelen ... 30
Freche Linien ... 31
Schnelle oder träge Linien ... 32
Dein Bild aus Linien ... 34
Weiche Geraden ... 36
Band-Ornamente ... 38
Deine Band-Ornamente ... 40
44 Häuser ... 42
Wenn Linien nebeneinander liegen ... 44

Fläche
... werden sie zur Fläche! ... 45
Spiel der Spiegelachsen ... 46
Verschieben, Spiegeln, Drehen ... 48
Gleichseitige Dreiecke ... 51
Spiegelschiff aus Dreiecken ... 53
Die Dreiecks-Familie ... 54
Gleichschenklig-rechtwinklige Dreiecke ... 56
Dreiecks-Figuren ... 59
Deine Dreiecks-Figuren ... 60
Symmetrie-Raten ... 62
Die Vierecks-Familie ... 64
Unregelmäßige Vierecke und das Parallelogramm ... 66
Pixel ... 68
Dein Pixel-Bild ... 70
Quadratzentimeter ... 72
Fünf-, Sechs-, Acht- und Zwölfecke ... 74
Mosaiktänze ... 93
Der Kreis ... 96
Der Zirkel ... 98
Deine Kreis-Muster ... 100
Die Welt ist rund ... 102
Wenn Flächen hintereinander stehen ... 104

Körper
... werden sie zum Körper! ... 105
Körpernetze ... 106
Der Würfel ... 108
Würfelnetze ... 111
Würfelbauten ... 112
Deine Würfelbauten ... 114
Fünf regelmäßige Polyeder ... 116
Kugeln kugeln ... 129
Von der Kugel zurück zum Punkt ... 130

Impressum ... 133

Vorne im Buchumschlag findest du 2 Spiegel und ein Geometrie-Dreieck.

Zusätzlich brauchst du noch ein paar Stifte, eine Schere, einen Klebestift und einen Zirkel.

In dieses Buch darfst du hineinmalen und sogar geometrische Formen aus dem Buch ausschneiden.

Für die ausgeschnittenen Formen, das Geometrie-Dreieck und die Spiegel ist Platz im Buchumschlag.

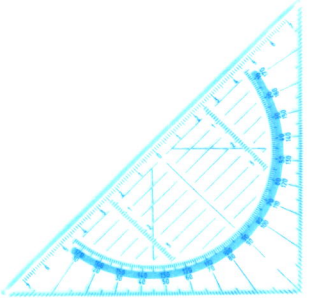

Bist du bereit?
Dann los:

Komm mit auf eine Reise durch die Welt der Geometrie!

8   Hallo! Ich bin der Punkt.   Und wer bist du?

Deine Lieblingsfarbe?

Deine Größe?

Deine Lieblingsform?   9

Punkte stehen gar nicht so gerne im Mittelpunkt,
wie immer alle denken.

• Als einzelner Punkt falle ich auf.

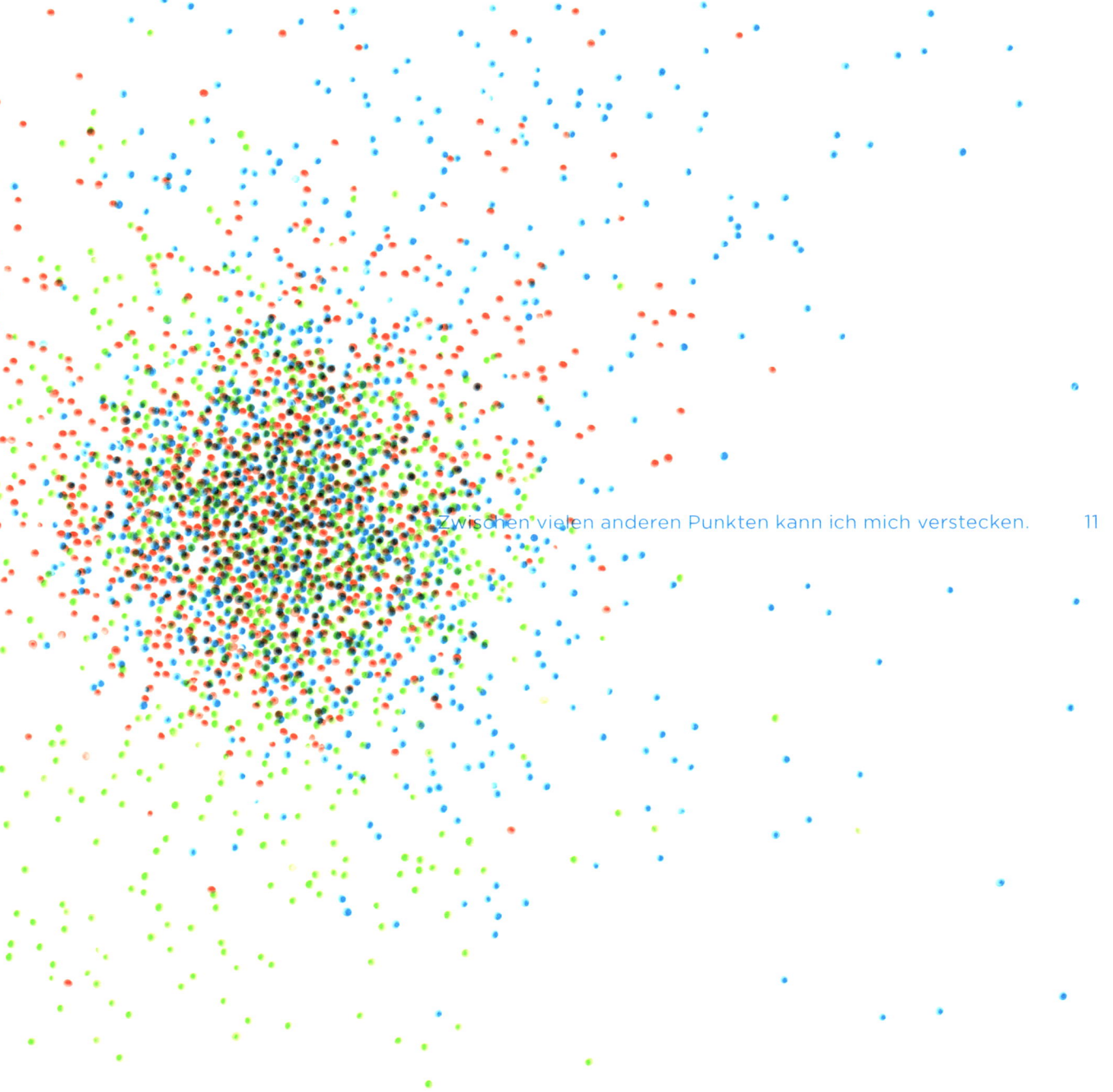

Zwischen vielen anderen Punkten kann ich mich verstecken.

• Hee du! Zurück an deinen Platz!

Die ordentlichen Punkte
hier heißen <u>Rasterpunkte</u>.
Sie verstecken sich auch
in einem Zeitungsbild.

Schau doch mal nach!
Du musst ganz nah
ran oder sogar eine
Lupe verwenden.

Schnell weiter,
bevor ich mich hier im Raster einreihen muss.

14　　Hier ist Platz für dein Bild aus Punkten.

15

16

Wenn ein Punkt spazieren geht ...

18   Linien sind total launisch! In welcher Stimmung sind deine Linien?

ruhig aufgeregt stark freundlich wütend traurig glücklich ängstlich verträumt müde verliebt

Start

20

Du kannst den langsamen Linien helfen, doch noch ins Ziel zu kommen.

Ziel

Der Streber unter den
Linien ist die Gerade.
Sie nimmt immer
den direkten Weg und
die kürzeste Strecke
zwischen zwei Punkten.

Wie schnell war ich?

Die Schnellste, wie immer!

Besuchen wir die Gerade mal bei ihren Turnübungen. Was machst du, Gerade?

Diese Übung heißt horizontal. Stell dir die Horizontlinie zwischen Meer und Himmel vor!

Wie auf einer Waage muss das Gewicht links und rechts gleich sein: dann bin ich waagrecht.

So wie das Buch vor dir liegt, st es auch horizontal oder waagrecht.

Diese
Turnübung
heißt
<u>senkrecht</u>
oder
<u>vertikal.</u>
Ich
muss
das
Gleichgewicht
halten,
um
nicht
umzufallen.

Wenn du das Buch drehst, liegt es vertikal oder senkrecht vor dir.

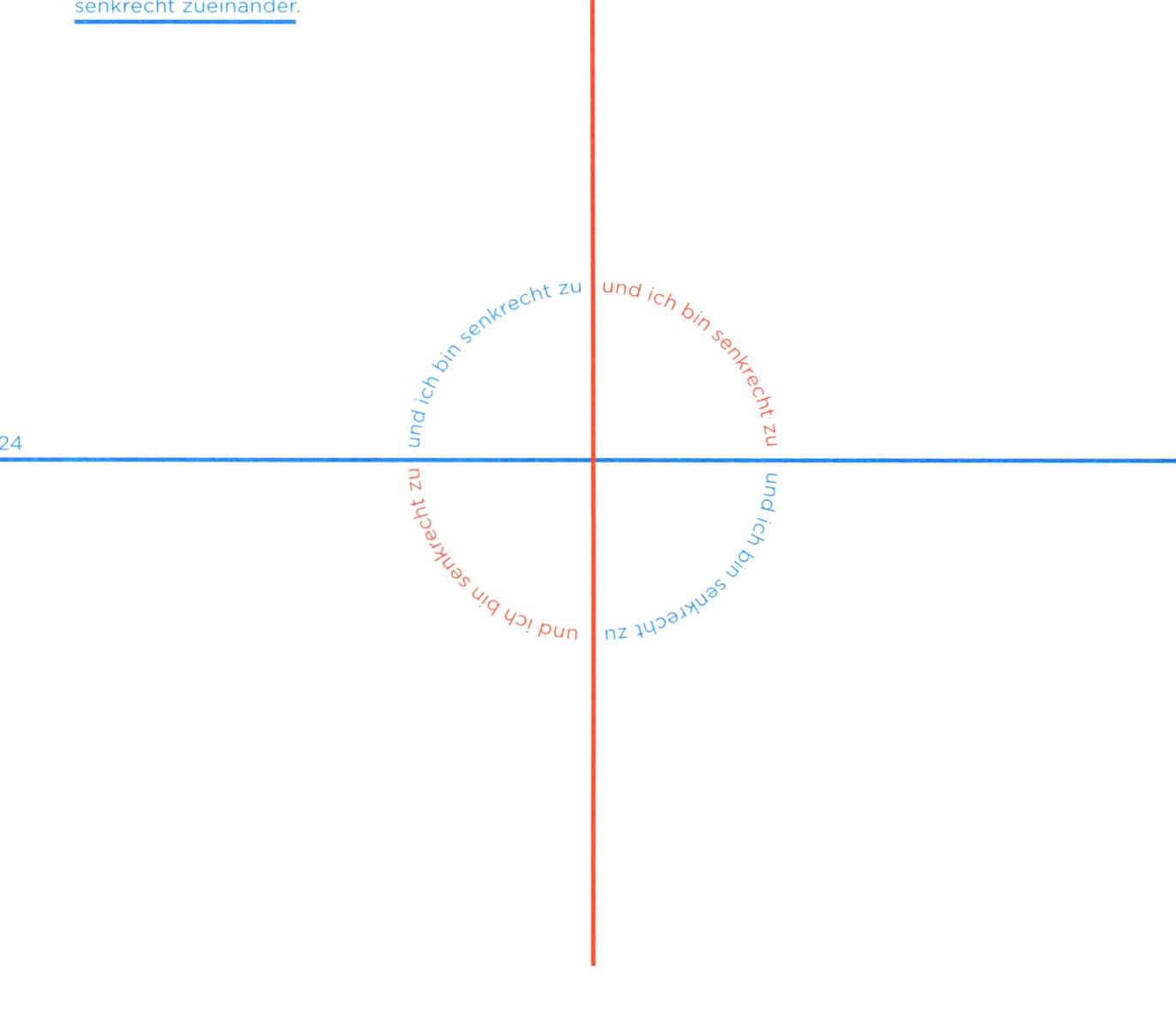

Wenn sich zwei Geraden kreuzen, entstehen zwischen ihnen Winkel.

Ein ganz besonderer ist der rechte Winkel, der zum Beispiel entsteht, wenn sich senkrechte und waagrechte Geraden kreuzen.

Einen rechten Winkel kannst du ganz einfach selbst herstellen:

Nimm ein Stück Papier und falte es einmal.

Beim zweiten Falten, müssen die zwei Seiten der ersten Faltkante aufeinander liegen.

Dann bekommst du einen rechten Winkel.

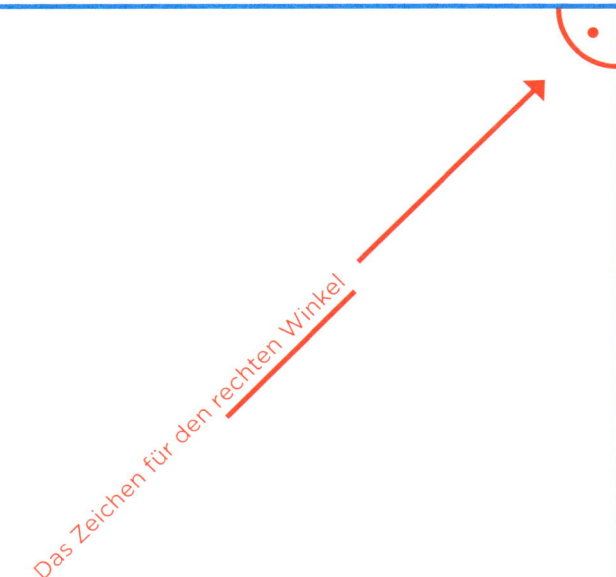

Das Zeichen für den rechten Winkel

Beim Entfalten siehst du: die Faltlinien sind senkrecht zueinander.

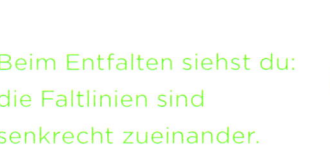

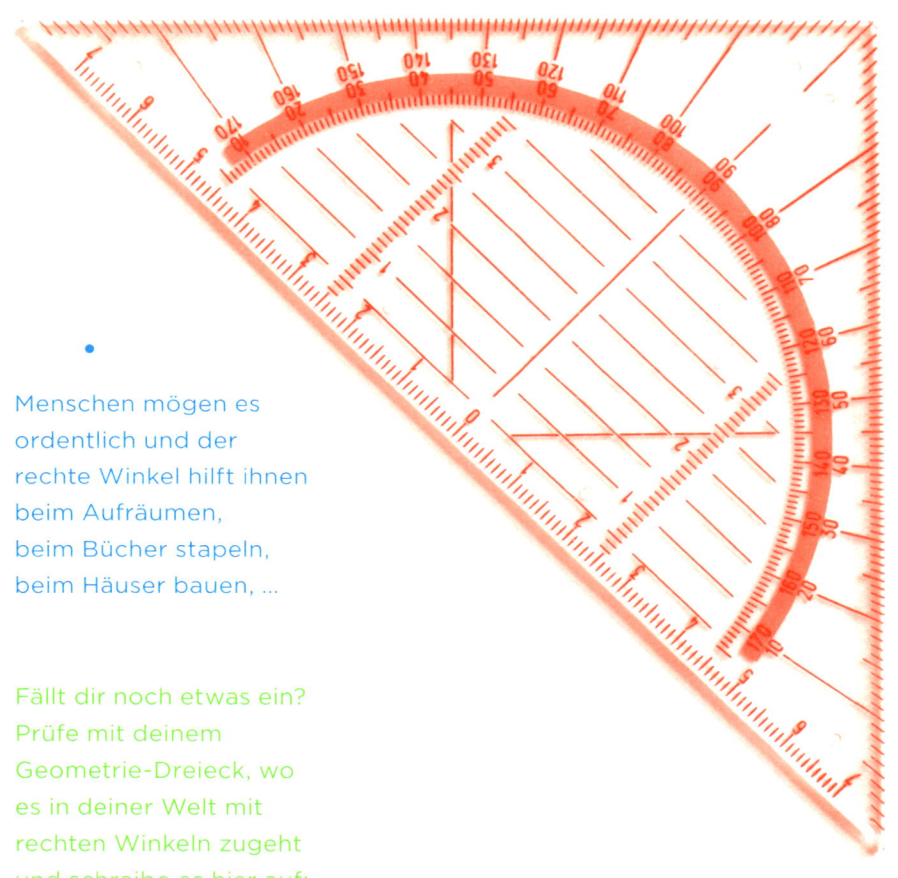

Das wichtigste Werkzeug für die Geometrie ist das Geometrie-Dreieck.

Es hilft dir dabei, zu prüfen, ob Geraden wirklich senkrecht zueinander stehen.

Menschen mögen es ordentlich und der rechte Winkel hilft ihnen beim Aufräumen, beim Bücher stapeln, beim Häuser bauen, ...

Fällt dir noch etwas ein? Prüfe mit deinem Geometrie-Dreieck, wo es in deiner Welt mit rechten Winkeln zugeht und schreibe es hier auf:

_____
_____
_____
_____

Hier kannst du dein Geometrie-Dreieck ausprobieren.

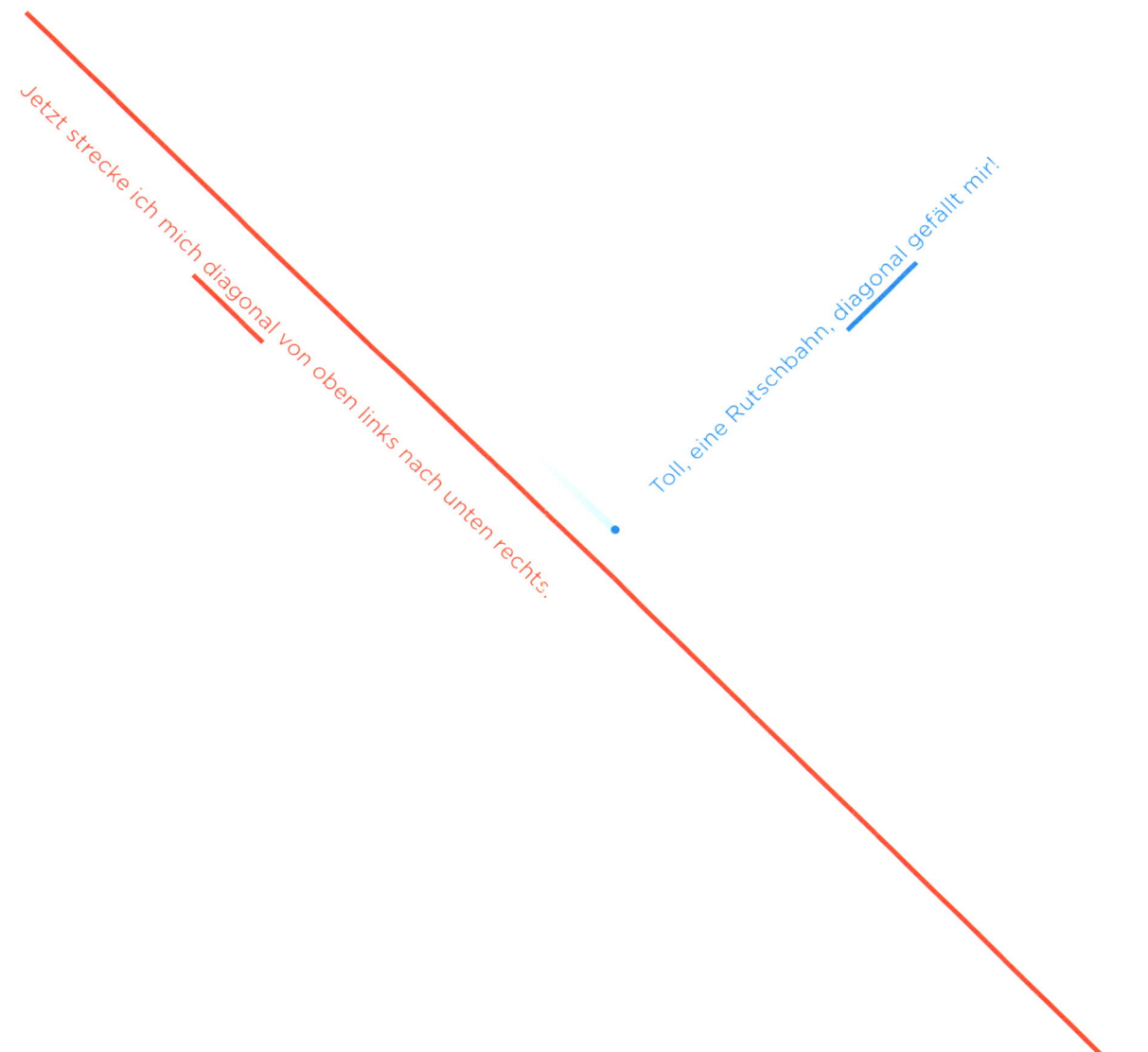

Die blauen Geraden sind parallel zueinander.
Das heißt: Die Linien laufen nebeneinander her und schneiden einander nie.
Die Linien auf dem Geometrie-Dreieck sind auch parallel. Sie helfen dir beim Zeichnen und Prüfen von parallelen Linien.

Eine Diagonale kann auch senkrecht durchkreuzt werden.

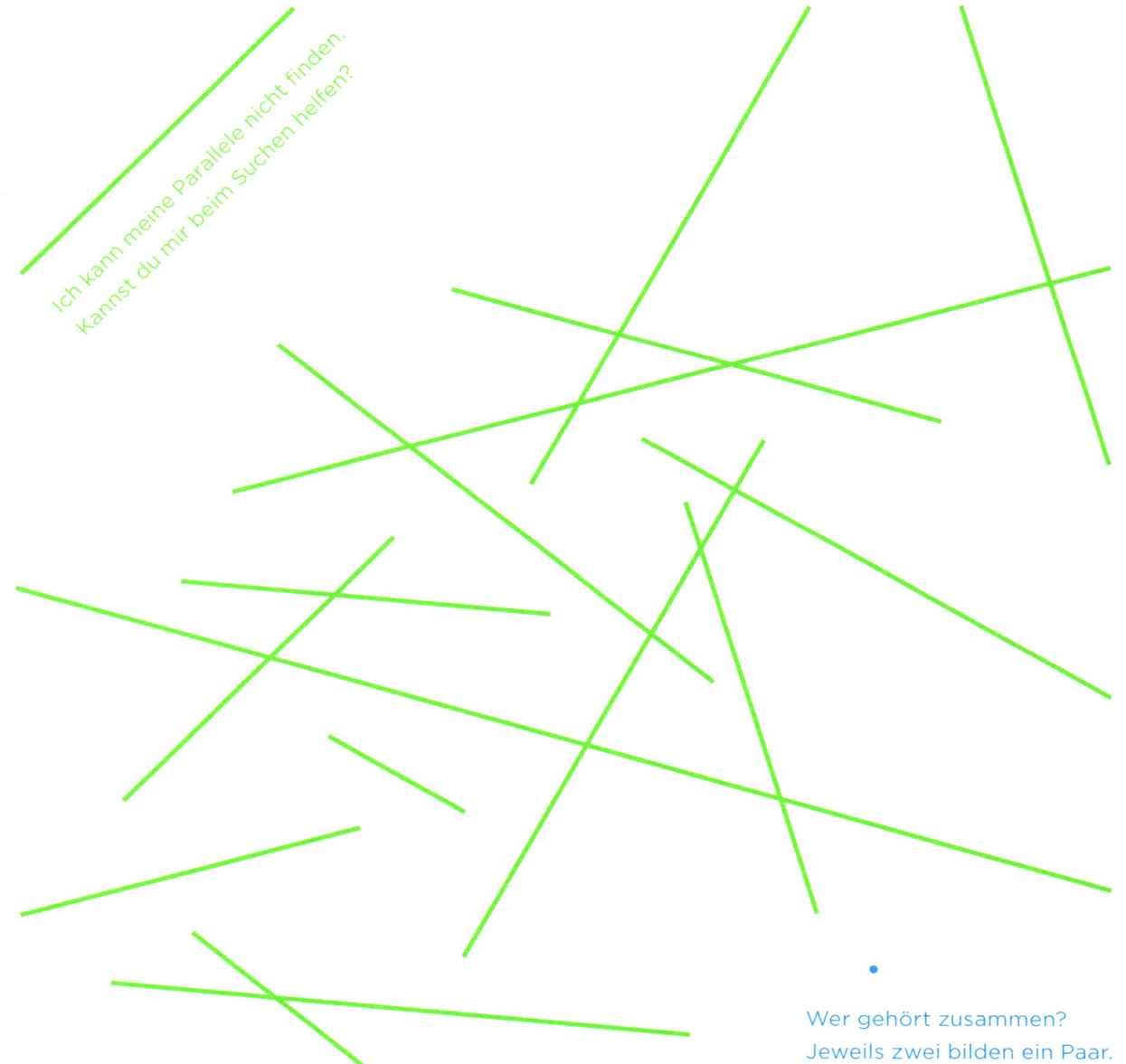

Ich kann meine Parallele nicht finden. Kannst du mir beim Suchen helfen?

Wer gehört zusammen? Jeweils zwei bilden ein Paar.

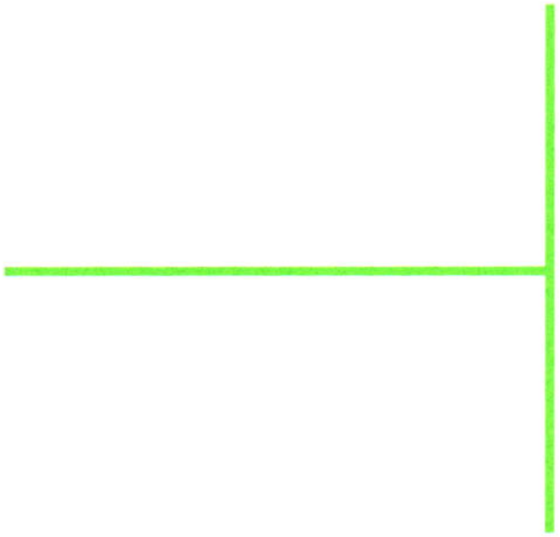

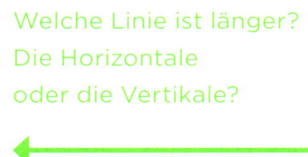

Welche Linie ist länger?
Die Horizontale
oder die Vertikale?

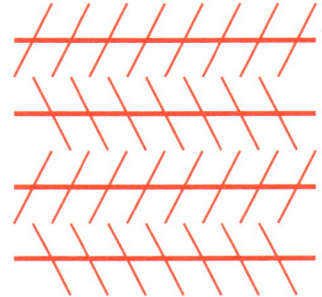

Sind die horizontalen
Linien parallel?

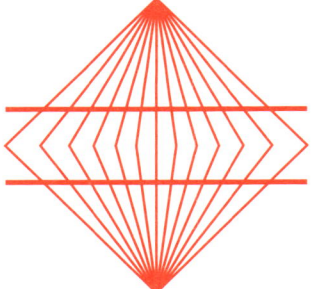

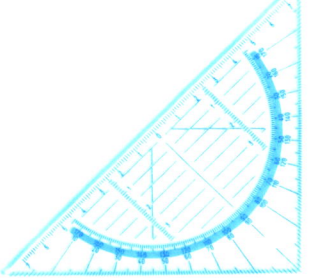

Achtung! Freche Linien
spielen unseren Augen
einen Streich!

Wenn sich deine Augen
nicht sicher sind, kannst du
die Linien mit deinem
Geometrie-Dreieck prüfen.

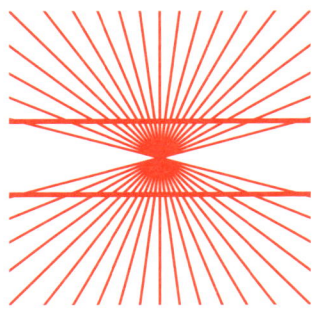

Was wir Punkte können,
können Linien auch:
Bilder malen!

Linien wirken verschieden,
je nachdem ob sie
horizontal / waagrecht
oder vertikal / senkrecht
oder diagonal durch das
Bild laufen.

Vertikale Linien wirken stabil, wie Säulen bei großen Häusern.

Diagonale Linien sind voller Energie wie eine Rakete oder starker Regen.

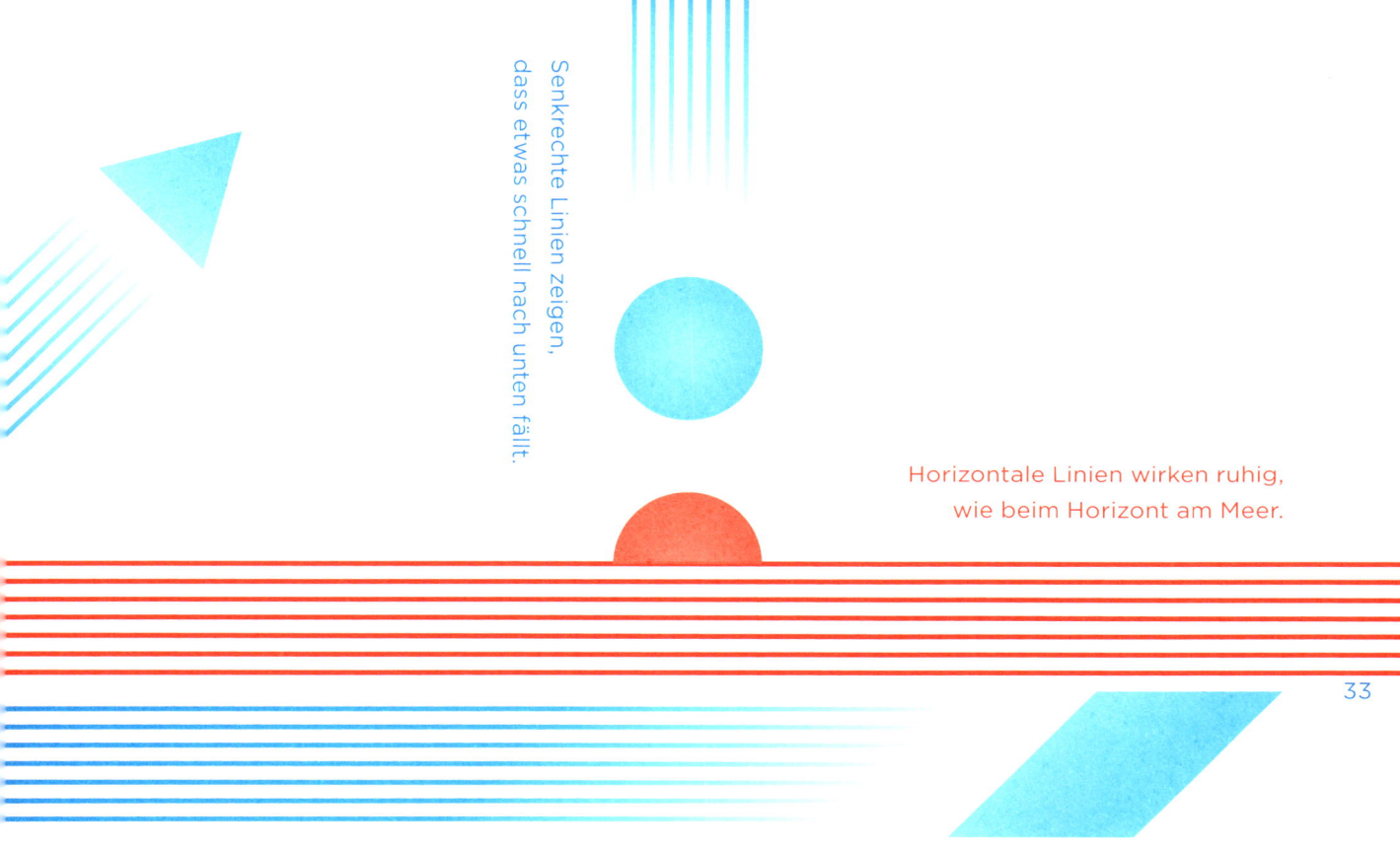

Senkrechte Linien zeigen, dass etwas schnell nach unten fällt.

Horizontale Linien wirken ruhig, wie beim Horizont am Meer.

Waagrechte Linien zeigen, wie jemand schnell durch das Bild rennt.

34   Hier kannst du ein Bild malen.   Aber nur mit Linien!

35

- Auch Geraden werden manchmal weich: nach 10 Minuten in kochendem Wasser.

Punkte und Linien spielen gerne miteinander.

Richtige Künstler im Punkte-Verbinden sind die Linien hier:

Die Linien verbinden die Punkte so, dass ein Muster entsteht.

Wenn sich das gleiche Musterstück ständig wiederholt, wird es zum Band-Ornament.

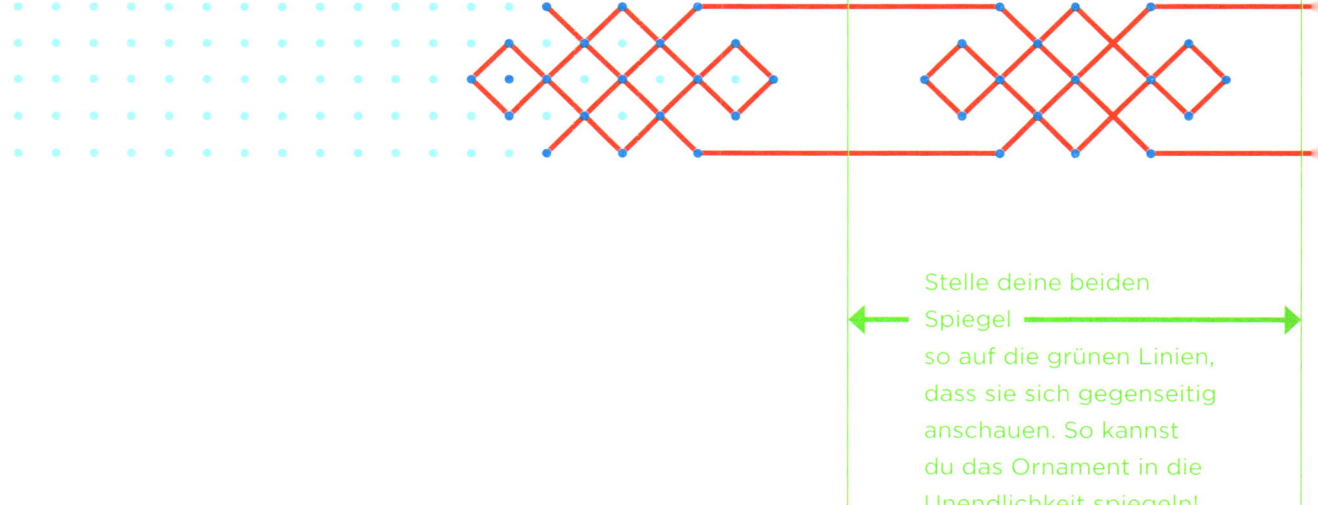

Stelle deine beiden Spiegel so auf die grünen Linien, dass sie sich gegenseitig anschauen. So kannst du das Ornament in die Unendlichkeit spiegeln!

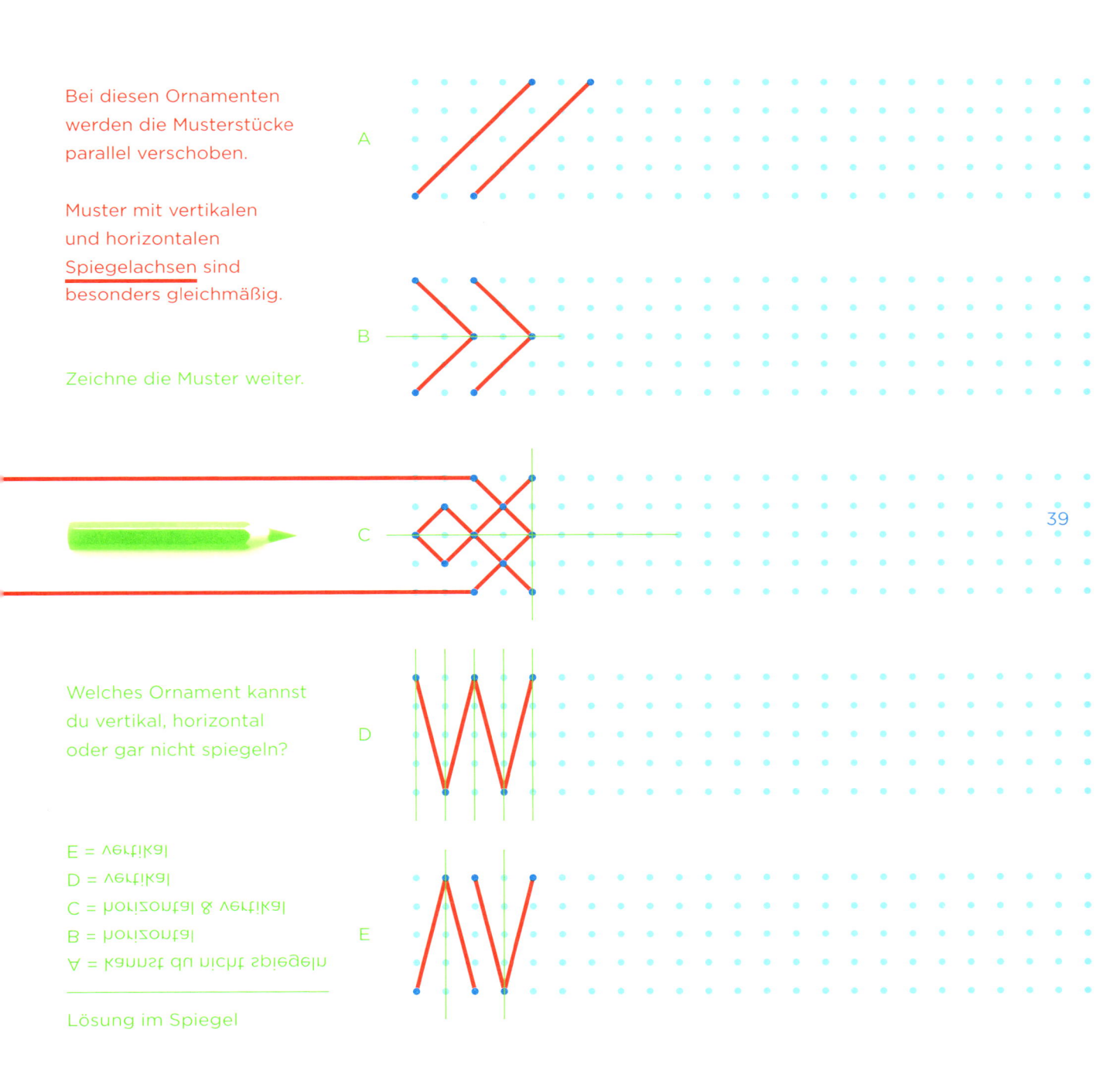

Bei diesen Ornamenten werden die Musterstücke parallel verschoben.

A

Muster mit vertikalen und horizontalen Spiegelachsen sind besonders gleichmäßig.

B

Zeichne die Muster weiter.

C

Welches Ornament kannst du vertikal, horizontal oder gar nicht spiegeln?

D

E = vertikal
D = vertikal
C = horizontal & vertikal
B = horizontal
A = Kannst du nicht spiegeln

Lösung im Spiegel

E

Hier kannst du eigene Linienmuster erfinden.

40

41

Noch ein Spiel zwischen Punkt und Linie:
Kennst – du – das – Haus – vom – Ni – ko – laus?

3
2   4

Start 1   5   Ende

Kannst du die Punkte mit 8 Linien zu einem Haus verbinden, ohne deinen Stift abzusetzen?

42

Eine schlaue Verbindungslinie hat entdeckt, dass es 44 verschiedene Wege gibt.

Mit Hilfe der Zahlen kannst du sie alle ausprobieren!

125142345 124152345 123415425 123425415

154124325 154324125 152341245 145234215 142543215 143251245 125143245 124514325   43

123415245 154123425 152142345 152342145 142154325 142345125 143254215 125423415

124523415 123451425 154214325 152143245 145124325 142152345 142345215 143245125

125432415 124325145 123452415 154234125 152412345 145123425 142512345 143215425

143245215 124154325 124325415 123425145 154321425 152432145 145243215 143215245

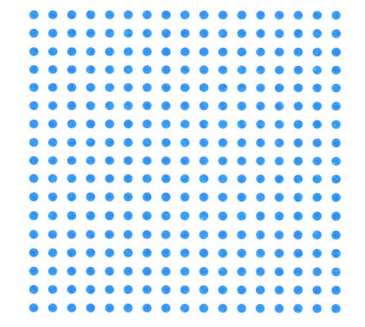

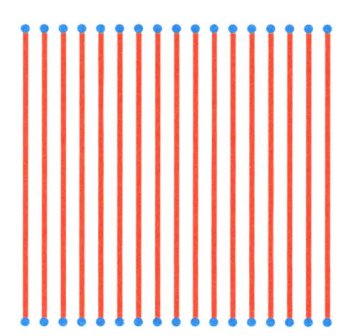

Punkte werden zur Linie. Und Linien werden zur ... Fläche!

Punkte und Linien haben sich zusammengetan und sind zu Ecken und Seiten einer Fläche geworden.

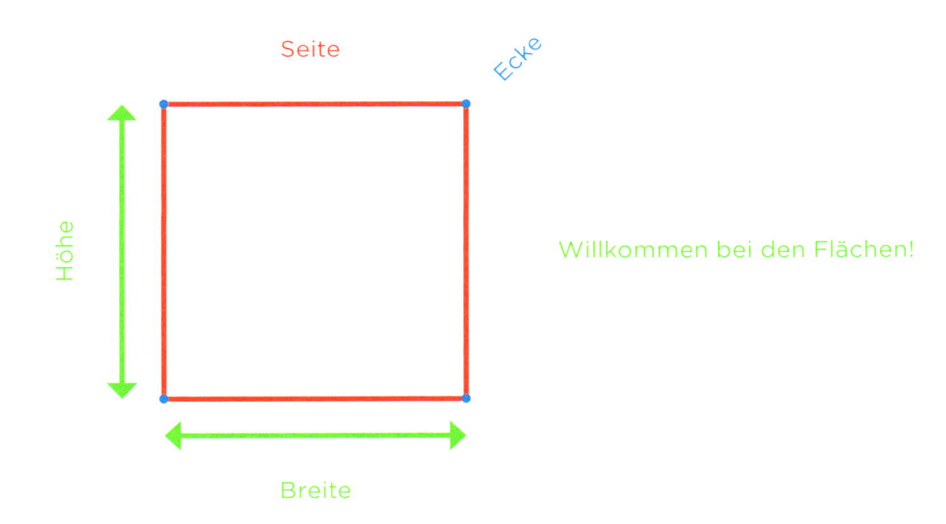

Seite
Ecke
Höhe
Breite

Willkommen bei den Flächen!   45

Mit deinem Stift kannst du das Quadrat kitzeln und gleichzeitig seine Fläche flächig anmalen.

46 Quadrat, Dreieck und Kreis haben sich zum Symmetrie-Spiel getroffen.

Wenn du deinen Spiegel mitbringst, kannst du mitspiegeln und alle Spiege achsen einzeichnen. Wer die meisten Spiegelachsen hat, gewinnt!

Wer gewinnt?
Hast du auch Spiegelachsen?

Spielregel: Wenn etwas spiegelsymmetrisch ist, kannst du es an der Spiegelachse in zwei gleiche Hälften teilen.

47

Lösung im Spiegel

1. Platz: Kreis, unendlich viele Spiegelachsen
2. Platz: Quadrat, 4 Spiegelachsen
3. Platz: Dreieck, 3 Spiegelachsen

Du hast nur eine Spiegelachse.

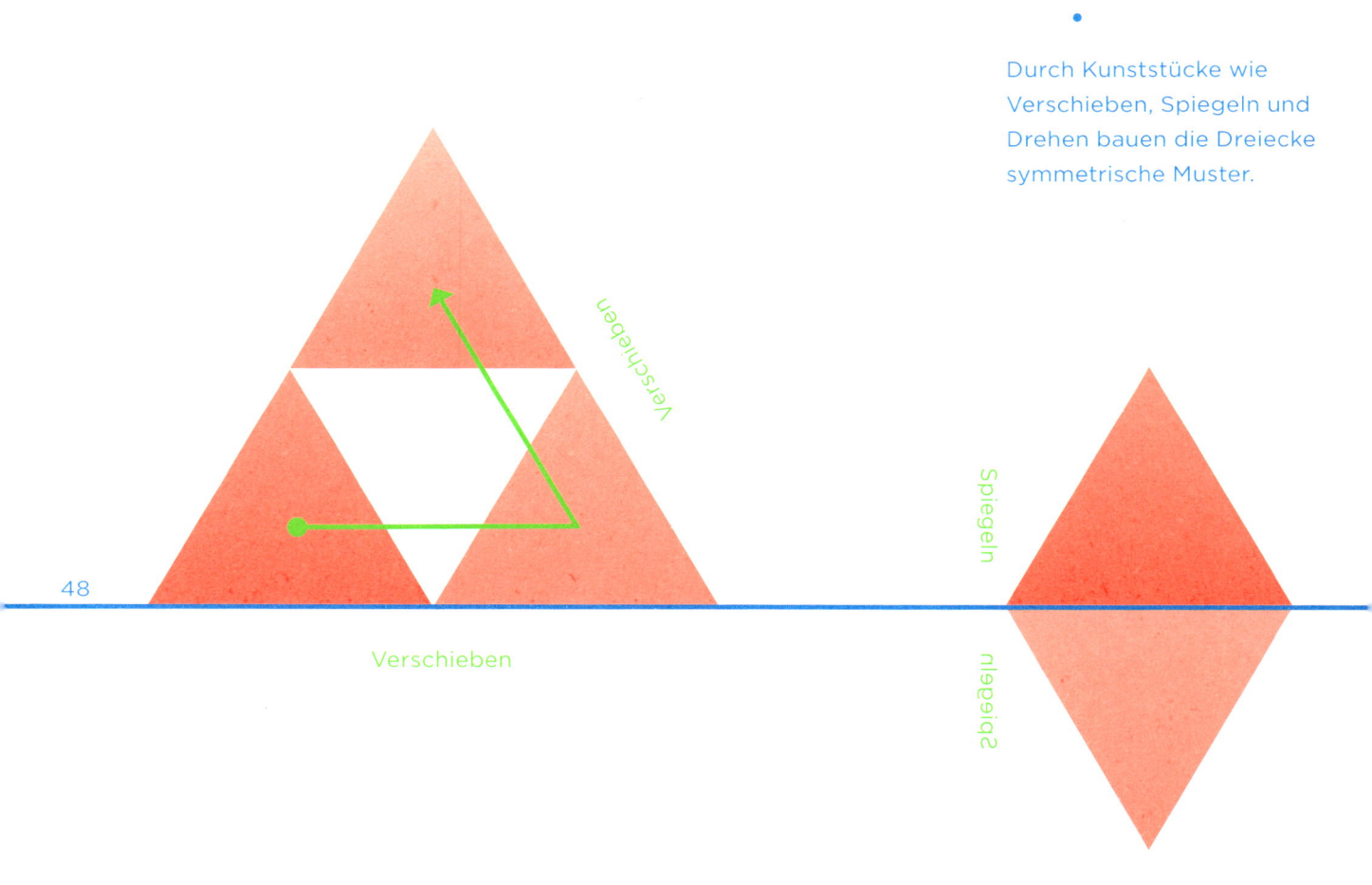

Durch Kunststücke wie Verschieben, Spiegeln und Drehen bauen die Dreiecke symmetrische Muster.

Verschieben

Verschieben

Spiegeln

Spiegeln

verschoben

spiegelsymmetrisch

Drehen

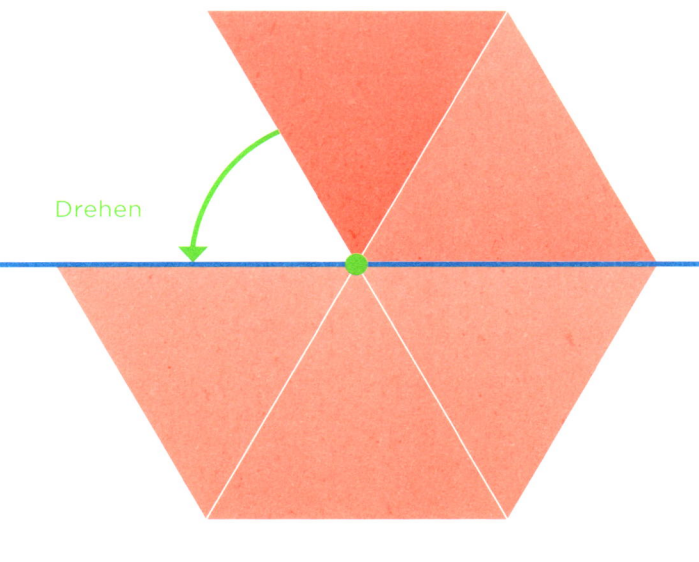

49

punktsymmetrisch

Schneide entlang der roten Linien und befreie die 16 Dreiecke aus ihrer Buchseite.

Deine Dreiecke wollen das Verschieben, Spiegeln und Drehen unbedingt auch ausprobieren!

50

Nachdem sich deine Dreiecke ausgetobt haben, kannst du sie zum Schlafen in den Buchumschlag legen.

Gleichseitige
Dreiecke

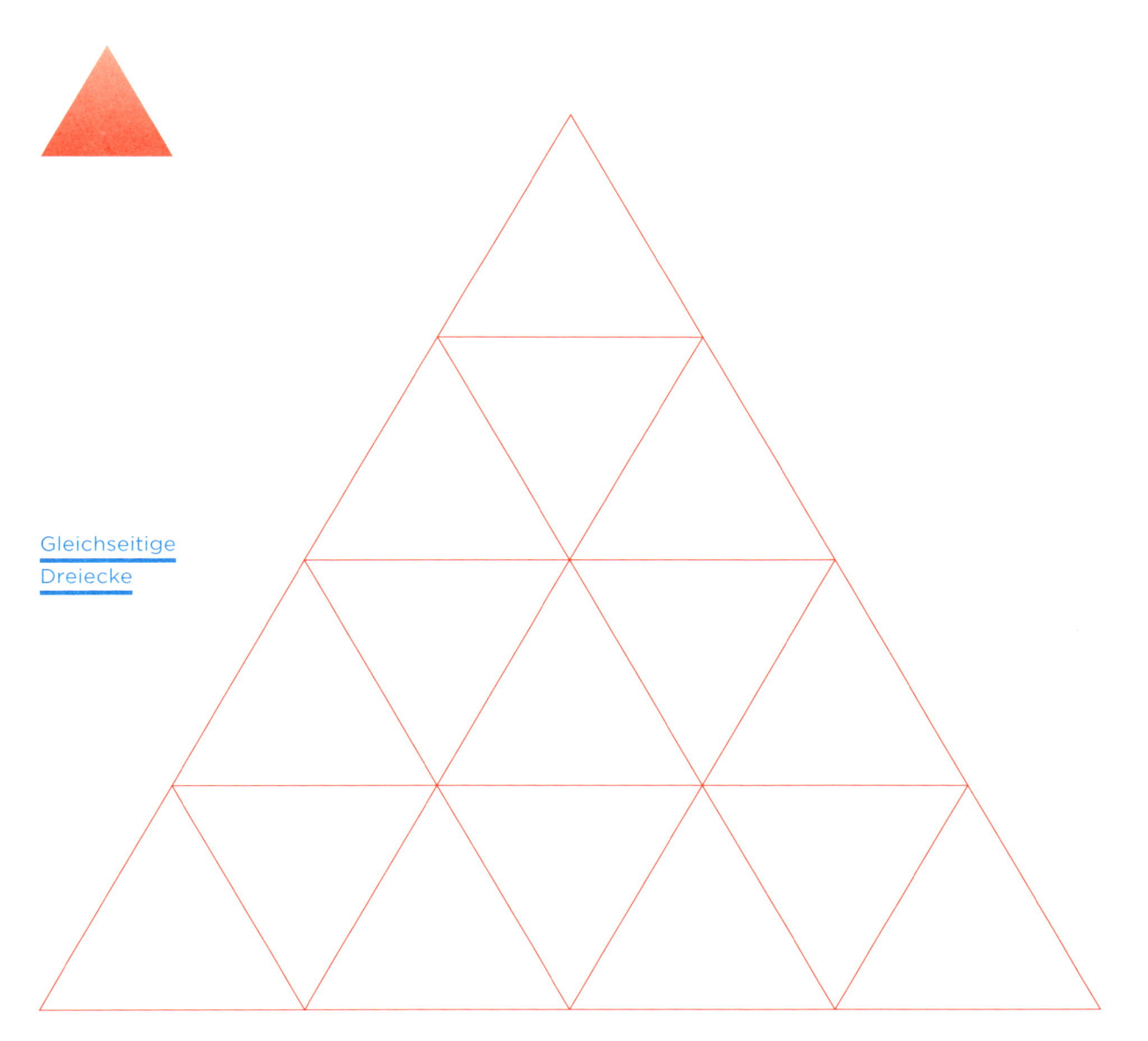

51

Aus deinen Dreiecken kannst du auch dieses Schiff legen:

Wie musst du deinen Spiegel auf das Schiff setzen, um die Figuren unten sehen zu können?

8, 9 und 10 sind besonders schwierig zu spiegeln!

1 AC
2 DF oder FH
3 AH oder CD
4 AF oder CF
5 EG oder CE oder AG
6 DH
7 BE oder BG
8 BD oder BH
9 AE oder CG
10 AE oder CG

Lösung im Spiegel

Kennst du schon die Dreiecksfamilie?
Alle Familienmitglieder haben 3 Ecken,
aber unterschiedliche Eigenschaften:

Gleichschenklige Dreiecke haben immer 2 gleich lange Seiten, egal wie dick oder dünn sie sind.

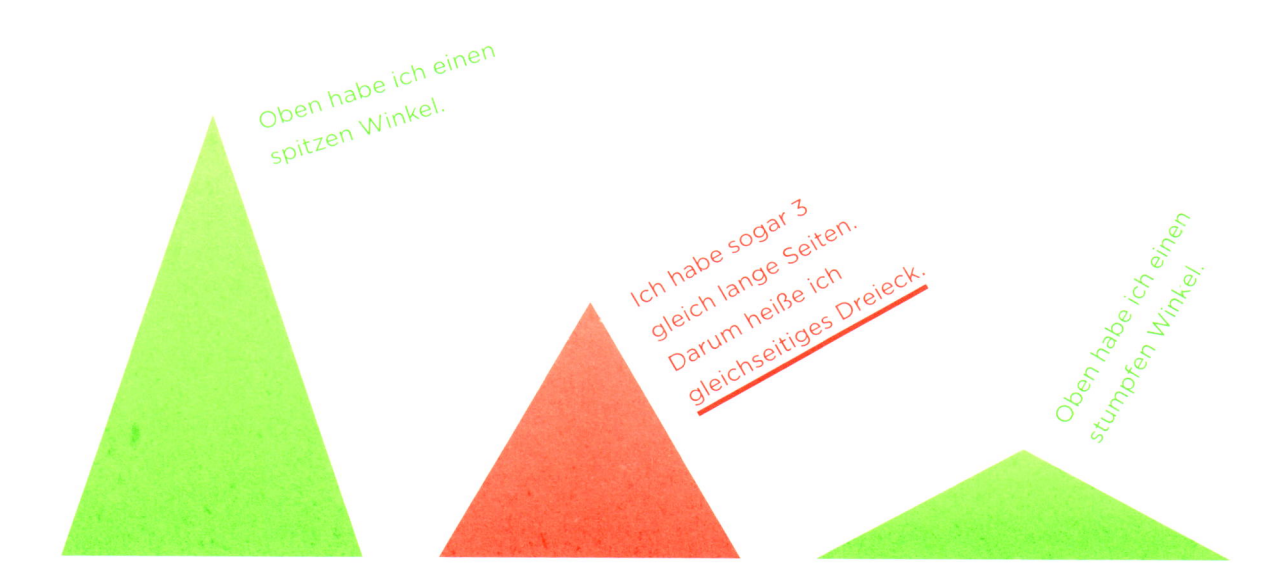

Oben habe ich einen spitzen Winkel.

Ich habe sogar 3 gleich lange Seiten. Darum heiße ich **gleichseitiges Dreieck**.

Oben habe ich einen stumpfen Winkel.

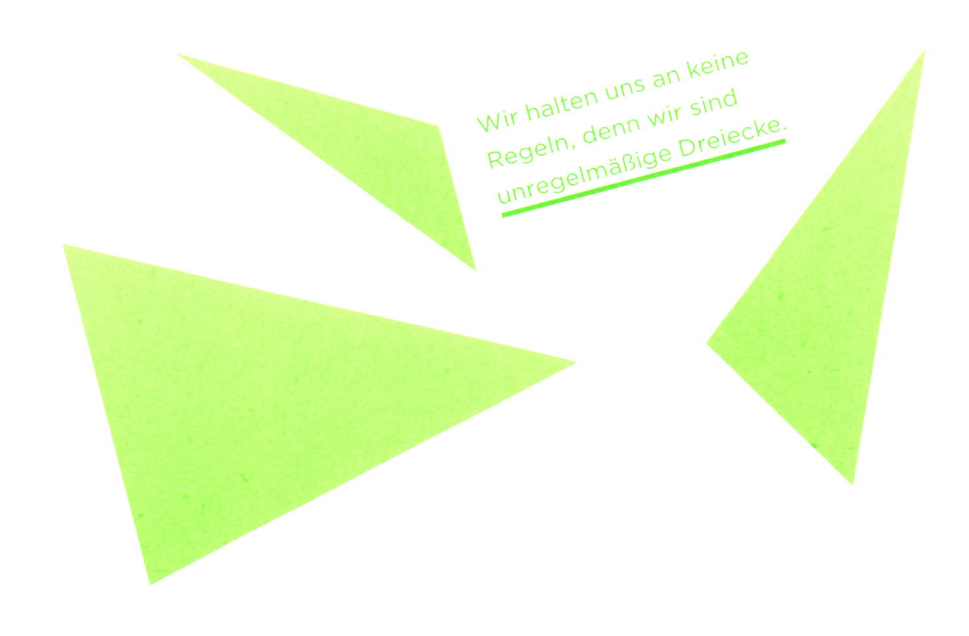

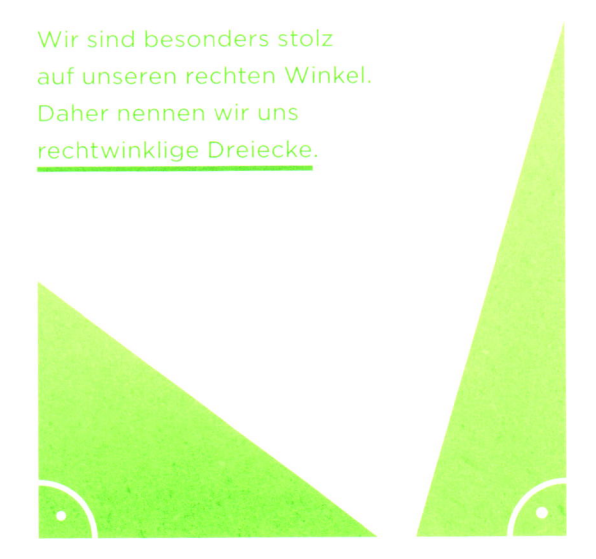

Wir halten uns an keine Regeln, denn wir sind unregelmäßige Dreiecke.

Wir sind besonders stolz auf unseren rechten Winkel. Daher nennen wir uns rechtwinklige Dreiecke.

Ich bin gleichschenklig und rechtwinklig zugleich.

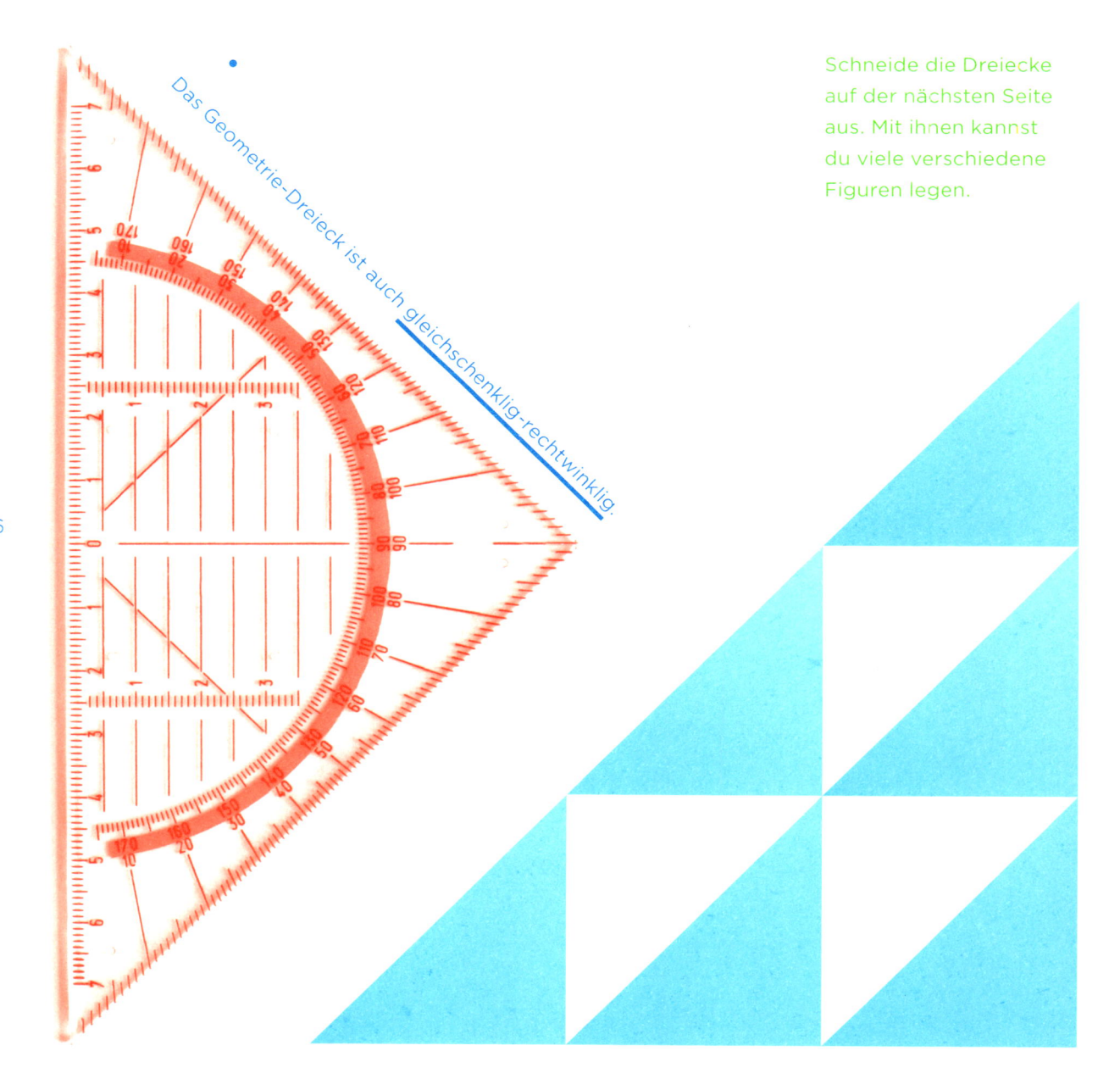

Das Geometrie-Dreieck ist auch gleichschenklig-rechtwinklig.

Schneide die Dreiecke auf der nächsten Seite aus. Mit ihnen kannst du viele verschiedene Figuren legen.

Gleichschenklig-
rechtwinkliges
Dreieck

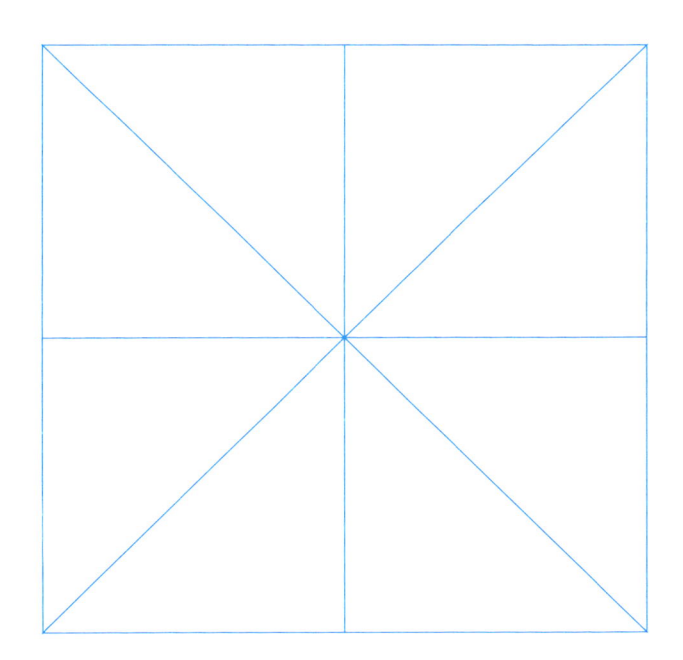

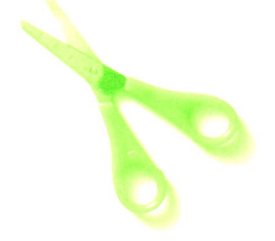

57

59

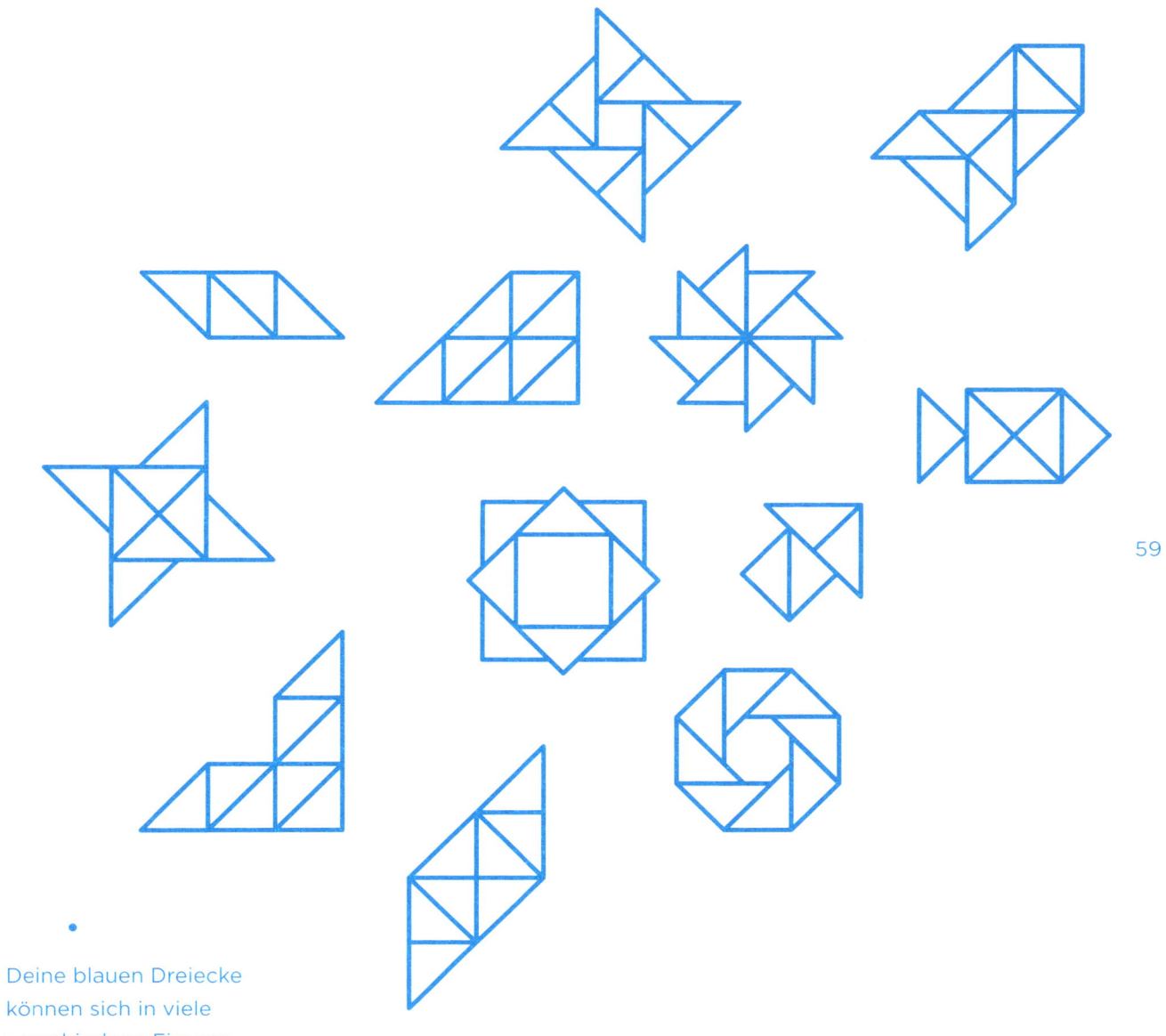

Deine blauen Dreiecke können sich in viele verschiedene Figuren verwandeln.

Hier kannst du deine Figuren einzeichnen.

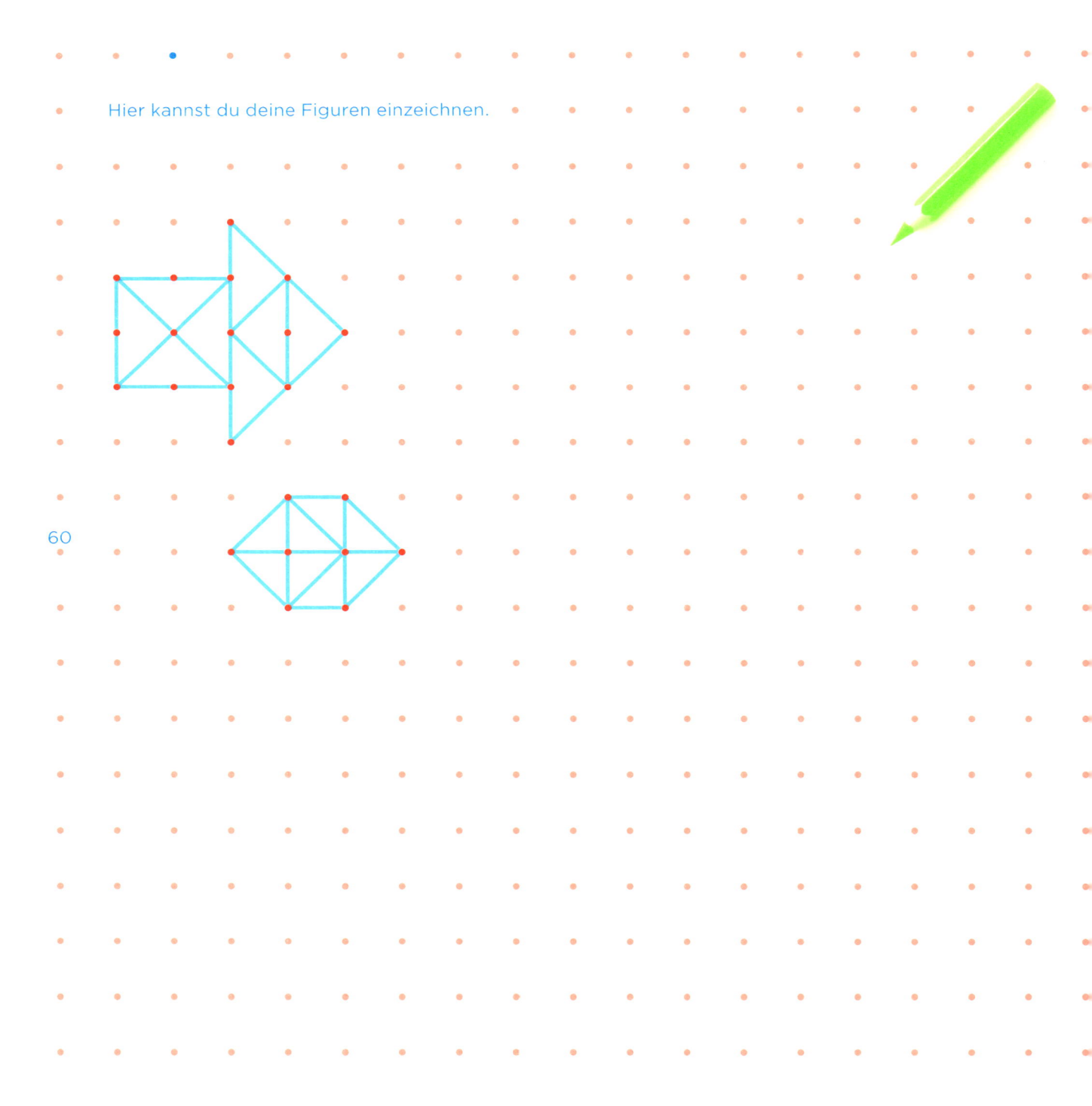

60

61

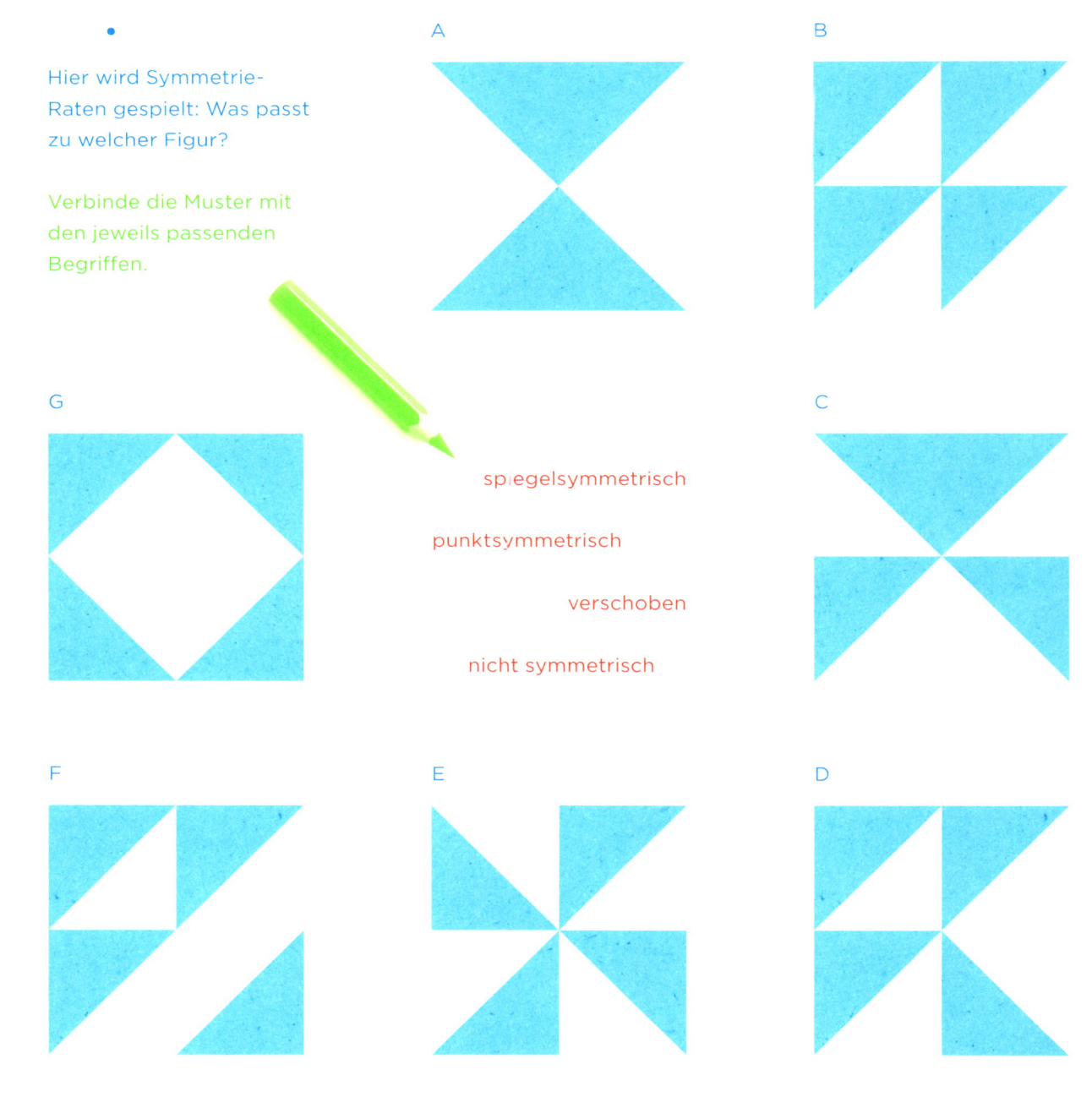

Hier wird Symmetrie-Raten gespielt: Was passt zu welcher Figur?

Verbinde die Muster mit den jeweils passenden Begriffen.

A

B

G

spiegelsymmetrisch

punktsymmetrisch

verschoben

nicht symmetrisch

C

F

E

D

Mit deinen Dreiecken kannst du noch mehr symmetrische Muster legen, die auch zu den Begriffen passen.

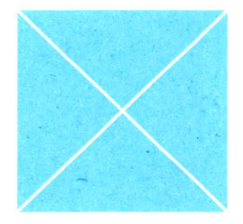

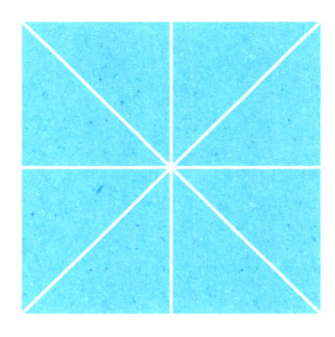

Hast du schon bemerkt? Wenn sich 2, 4 oder 8 Dreiecke nebeneinander legen, werden sie zum Quadrat.

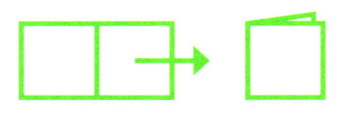

Wenn du das Buch zuklappst, siehst du: es ist quadratisch.

Alle 4 Seiten sind gleich lang, alle 4 Winkel sind rechtwinklig.

A spiegelsymmetrisch
B verschoben
C spiegelsymmetrisch
D nicht symmetrisch
E punktsymmetrisch
F nicht symmetrisch
G spiegel- & punktsym.

Lösung im Spiegel

Den Liebling der Vierecks-Familie kennst du schon: Das Quadrat. Wie heißen die anderen?

Alle Vierecke haben ihre viereckigen Eigenheiten.

64

Gleichschenkliges Trapez   Parallelogramm   Drachen

Rechteck   Raute

Quadrat

Lösung im Spiegel

	■	▰	◆	⬢	◆	▰
Ecken						
Seiten						
Rechte Winkel						
Parallele Seiten						
Gleich lange Seiten						

Die Vierecke streiten sich mal wieder darüber, wer von ihnen die meisten Ecken, Seiten, rechten Winkel, parallele und gleich langen Seiten hat.

Wer gewinnt?

Das Quadrat gewinnt!

Quadrat	4	4	4	4	4	20
Rechteck	4	4	4	2	4	18
Raute	4	4	0	4	4	16
Trapez	4	4	0	2	2	12
Drachen	4	4	1	0	2	11
Parallelogramm	4	4	0	4	2	14

Lösung im Spiegel

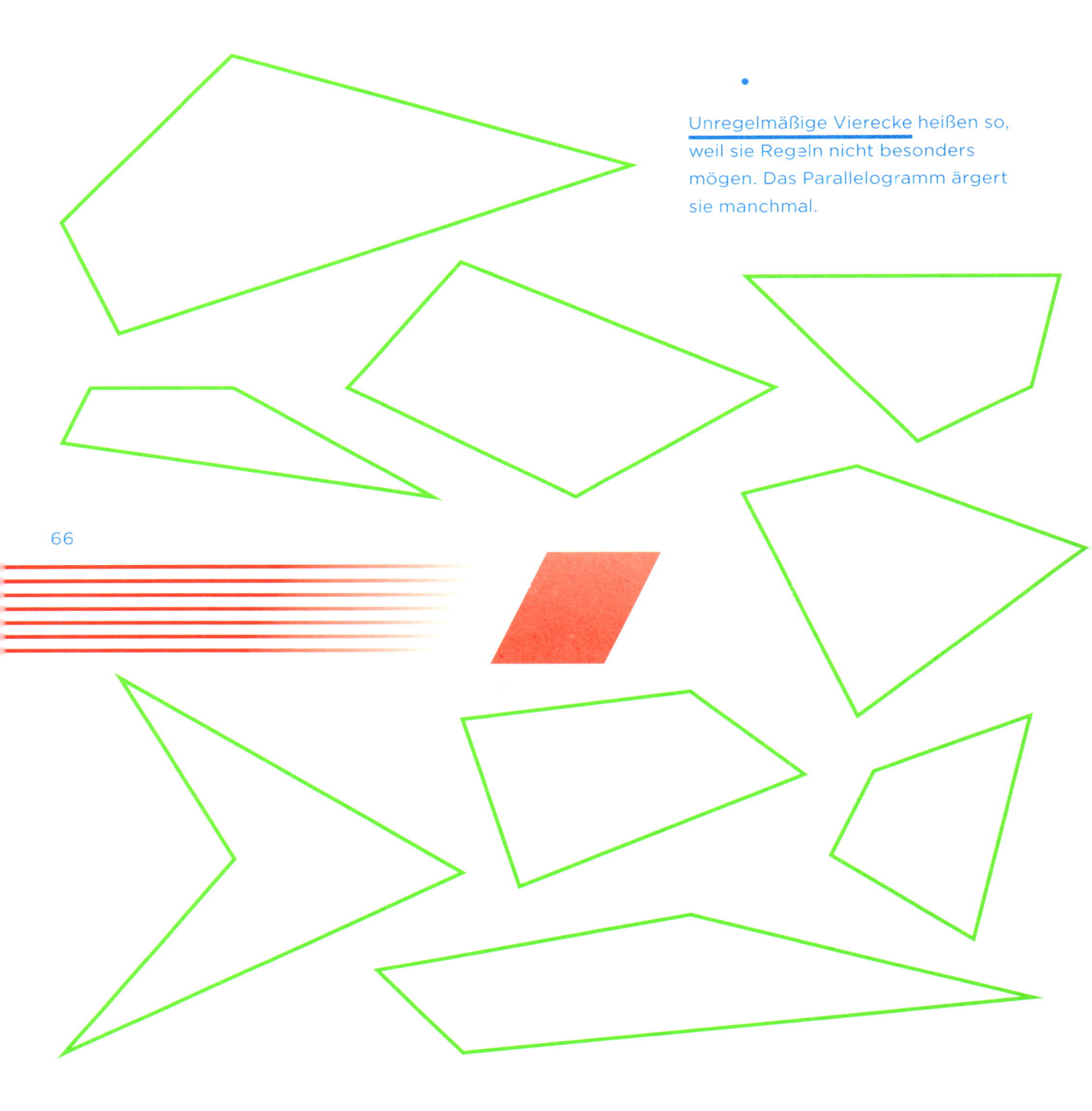

Unregelmäßige Vierecke heißen so, weil sie Regeln nicht besonders mögen. Das Parallelogramm ärgert sie manchmal.

Viereck

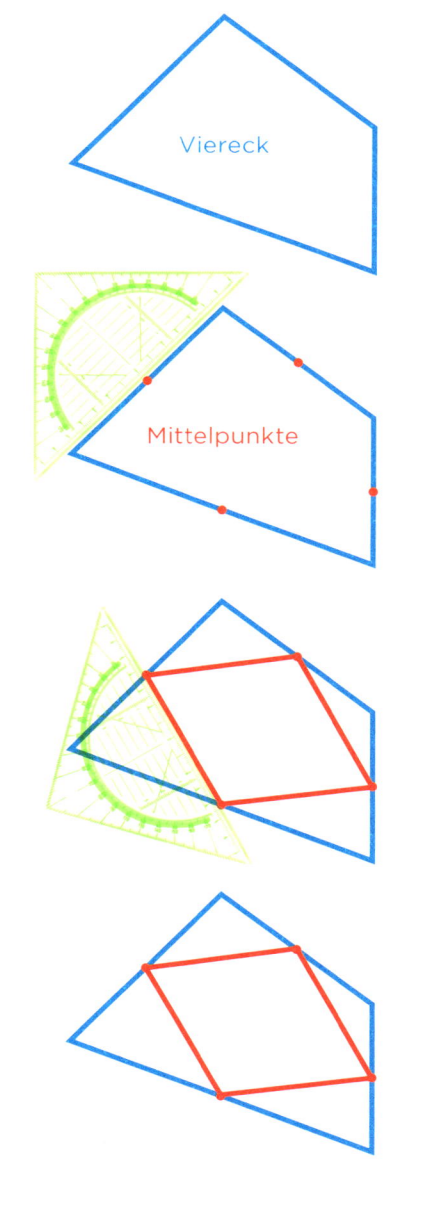

Das kannst du mit jedem Viereck der Welt ausprobieren:

Mittelpunkte

Teile jede Seite in der Mitte und markiere die Stelle mit einem Punkt. Das ergibt 4 Mittelpunkte.

67

Verbinde alle markierten Mittelpunkte mit 4 Linien.

Du bekommst immer ein Parallelogramm!

Also doch eine Regel.

Wie Punkte verstecken
sich auch Quadrate gerne.

Schau dir ein Bild am
Computer aus der Nähe
an: Das Bild ist aus
vielen kleinen Quadraten
zusammengesetzt. Diese
Quadrate heißen Pixel.

Vergrößert sieht ein Pixelbild so aus.

70   Hier ist Platz für dein Pixel-Bild.

71

Kennst du schon die Quadratzentimeter?

Diese Quadrate sagen Flächen, wie groß sie sind. Ihre Abkürzung schreibt sich so: cm²

Was schätzt du: Wie viele Quadratzentimeter bedeckt deine Hand?

_____ cm²

Jetzt kannst du deine Hand auf das Papier legen und mit einem Stift umfahren. Wie viele Quadratzentimeter sind es?

_____ cm²

Wie groß sind die Flächen der 6 Formen?

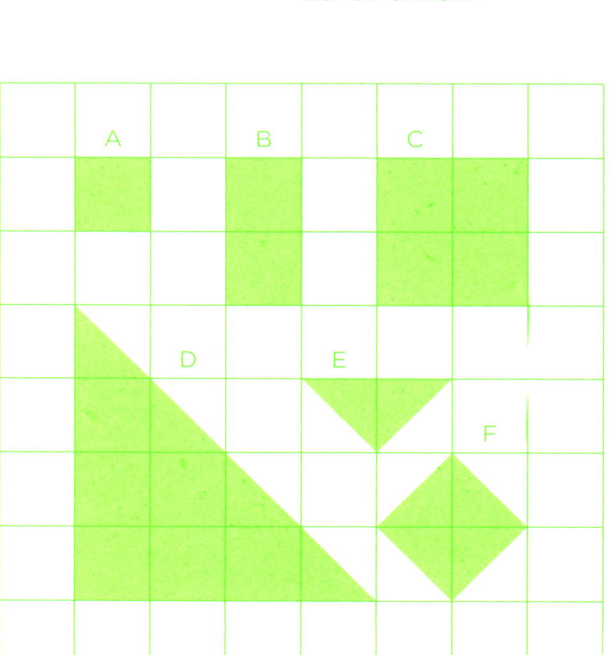

D = 8 cm²   E = 1 cm²   F = 2 cm²
A = 1 cm²   B = 2 cm²   C = 4 cm²

Lösung im Spiegel

73

Du kennst schon die
gleichseitigen Dreiecke
und Quadrate.

Quadrat

Auf den nächsten Seiten warten auch
noch gleichseitige Fünf-, Sechs-,
Acht- und Zwölfecke darauf, von dir
ausgeschnitten zu werden.

3   4   5   6   8   12

75

Fünfeck

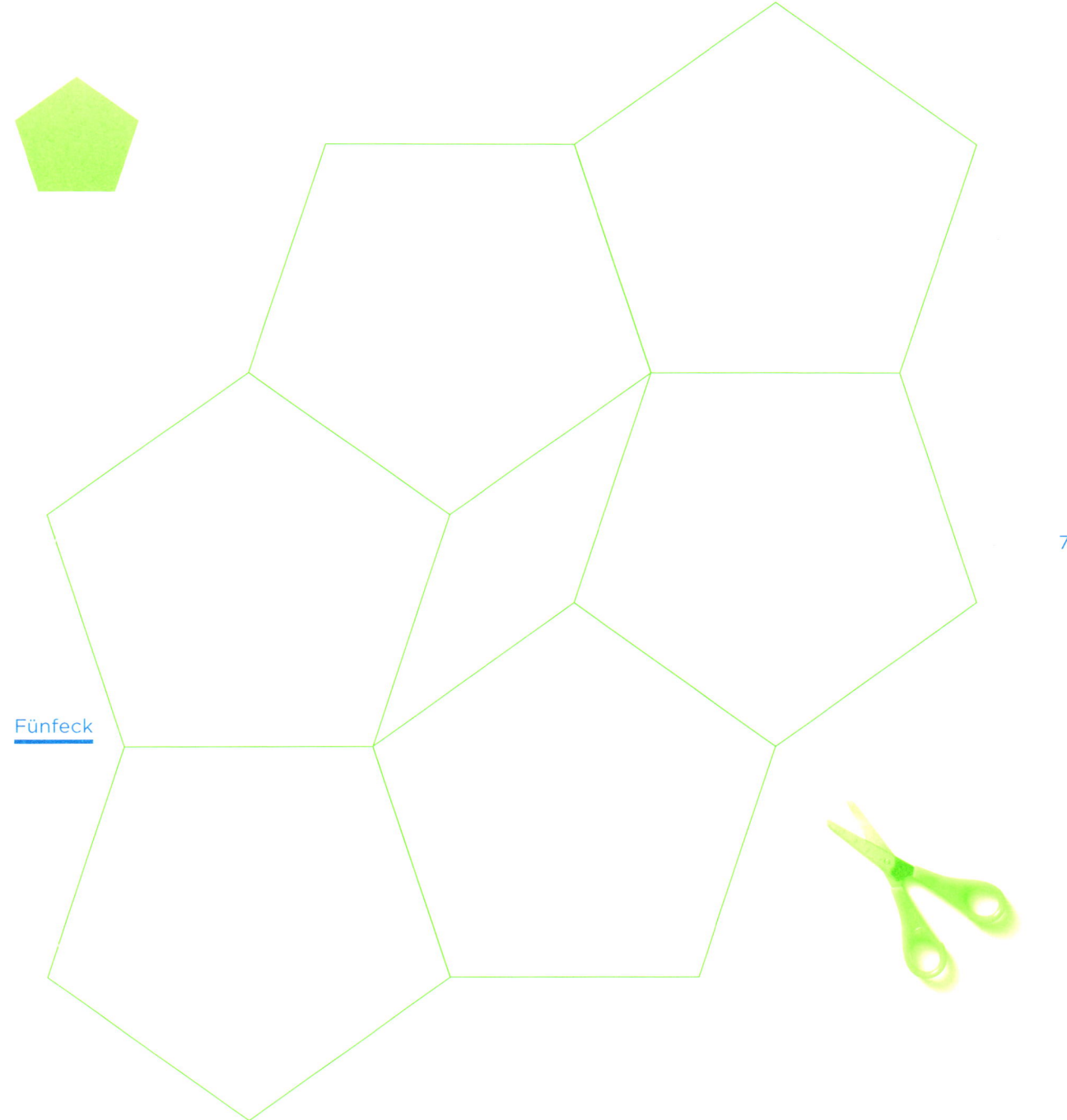

Sechseck

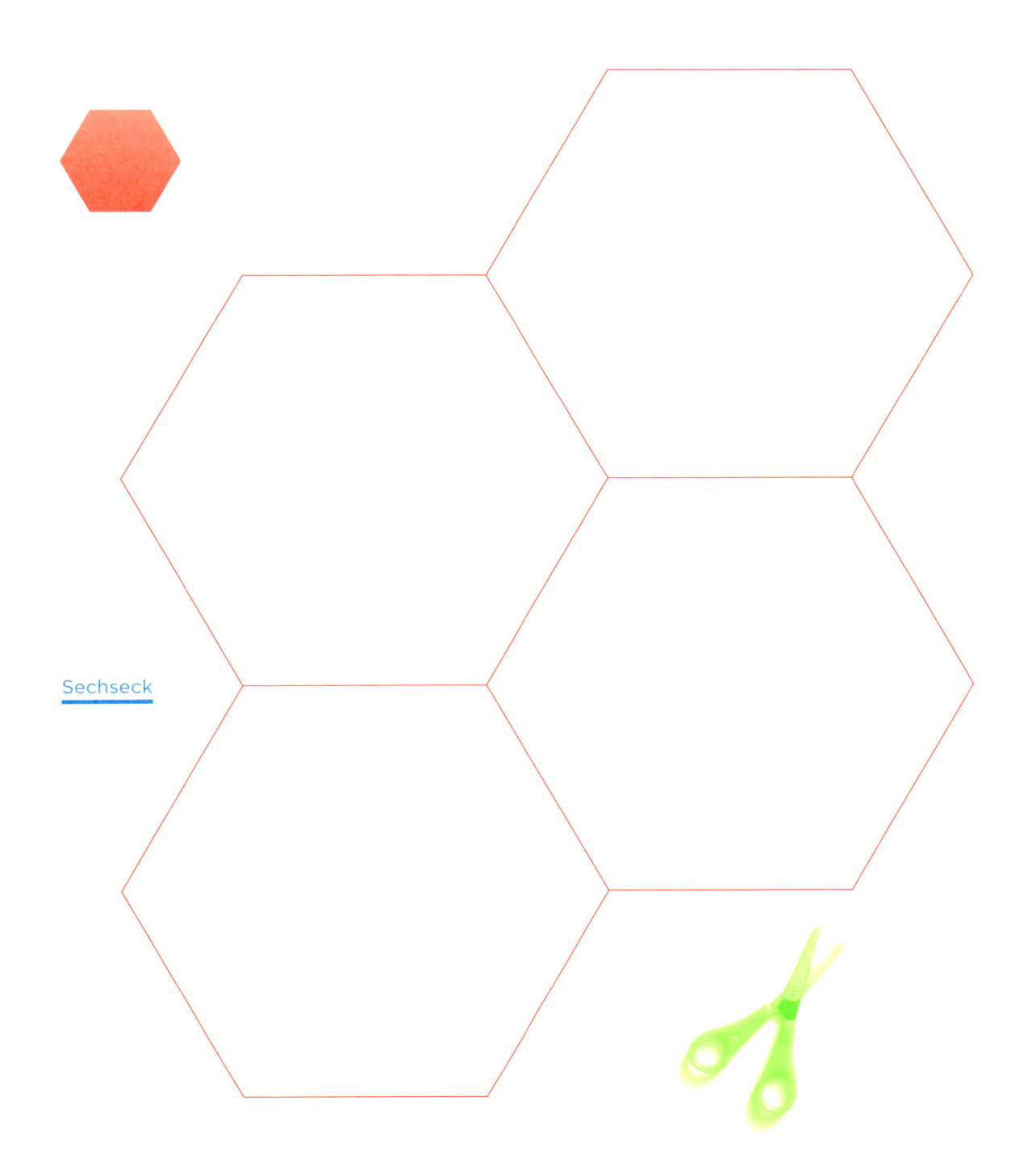

79

Sechseck

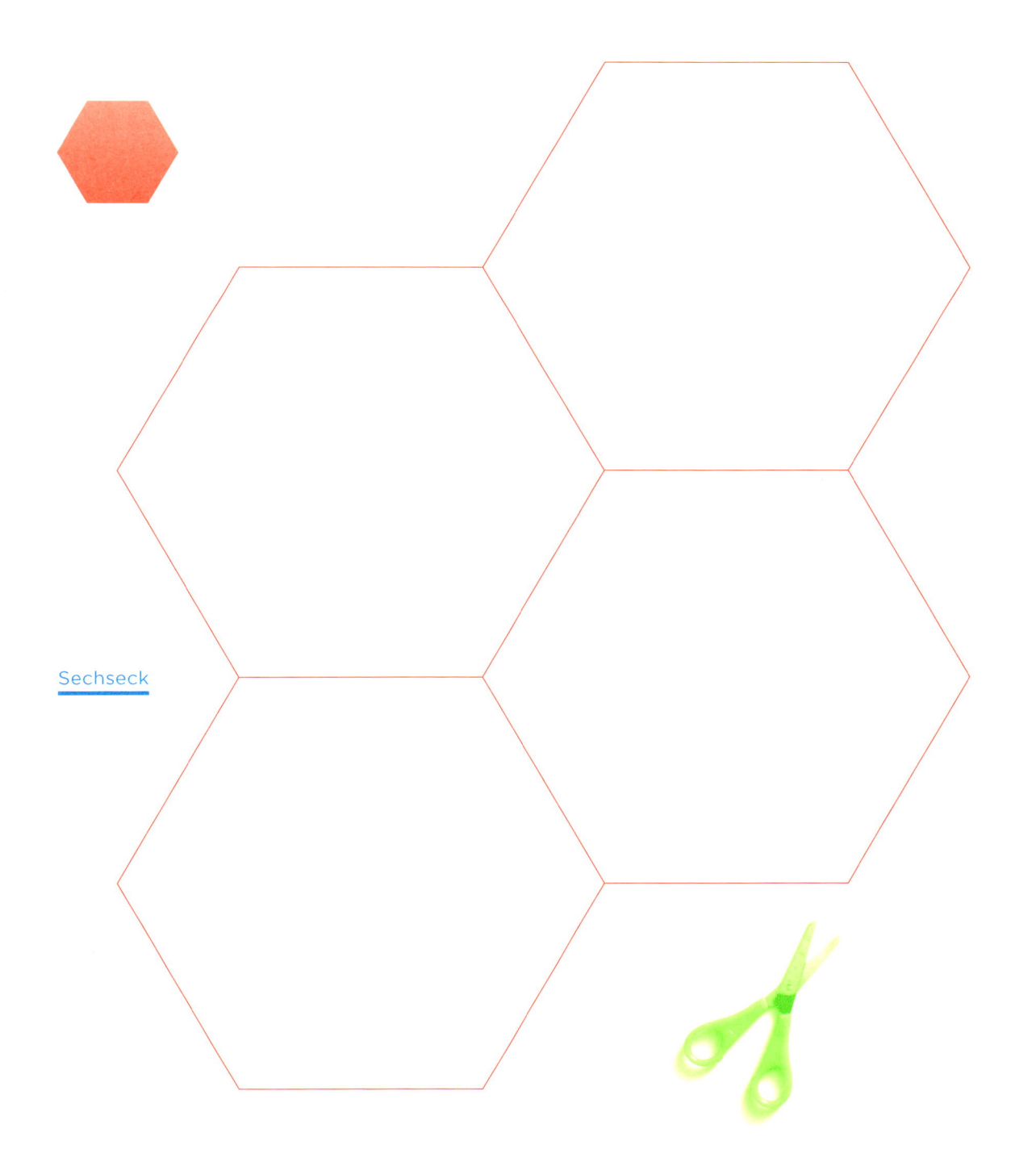

81

Achteck

83

Achteck

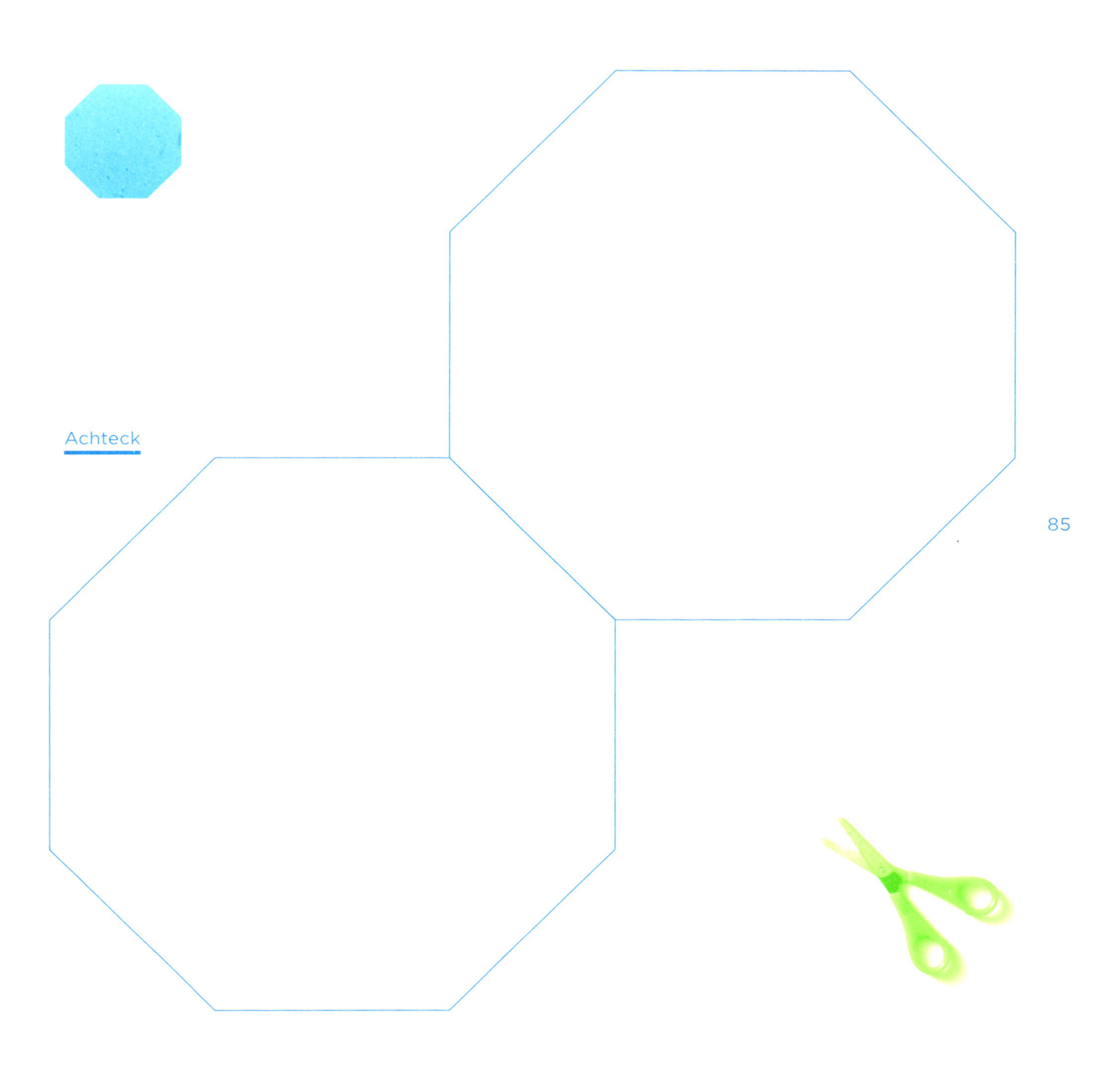

85

Zwölfeck

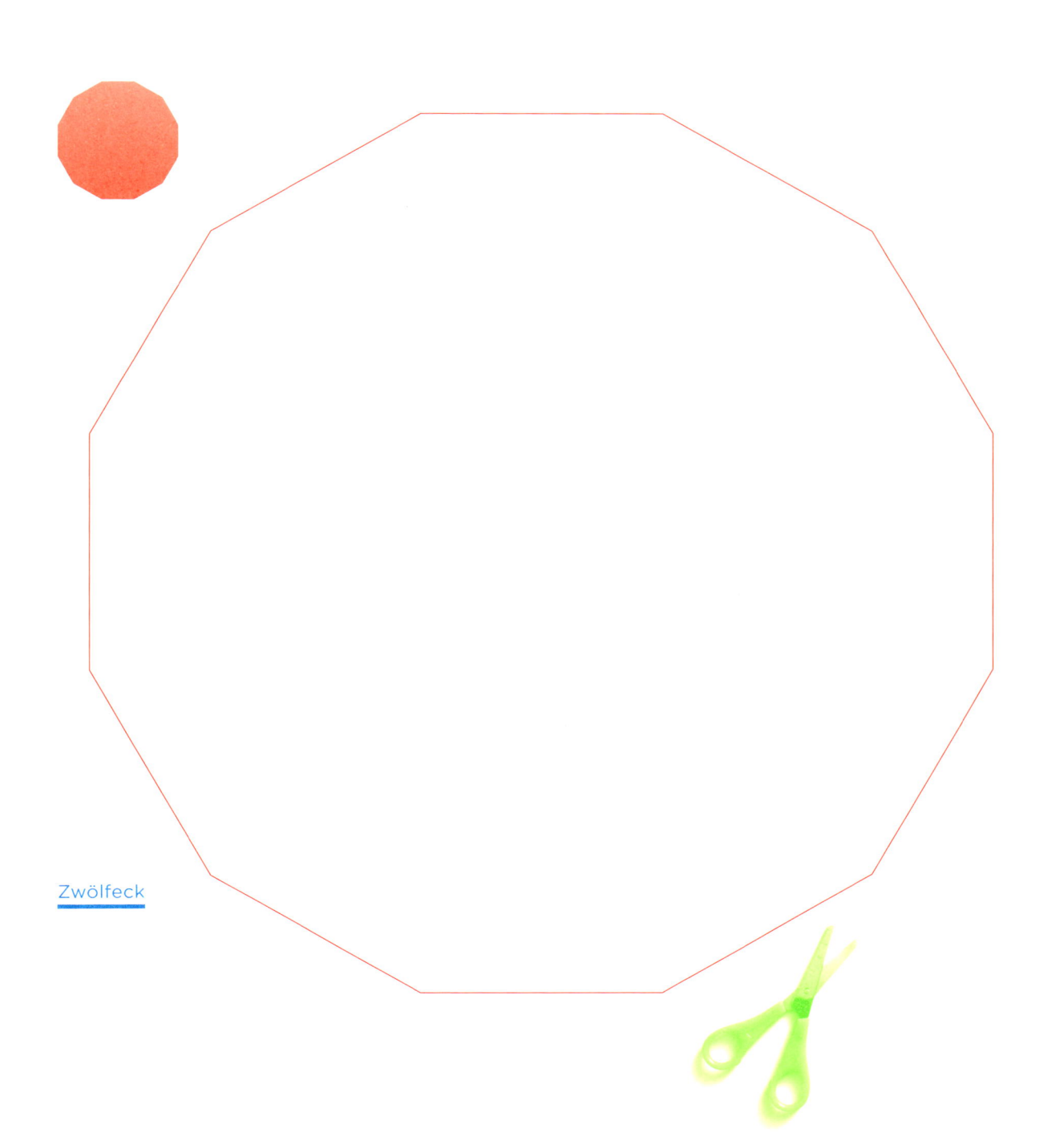

87

Zwölfeck

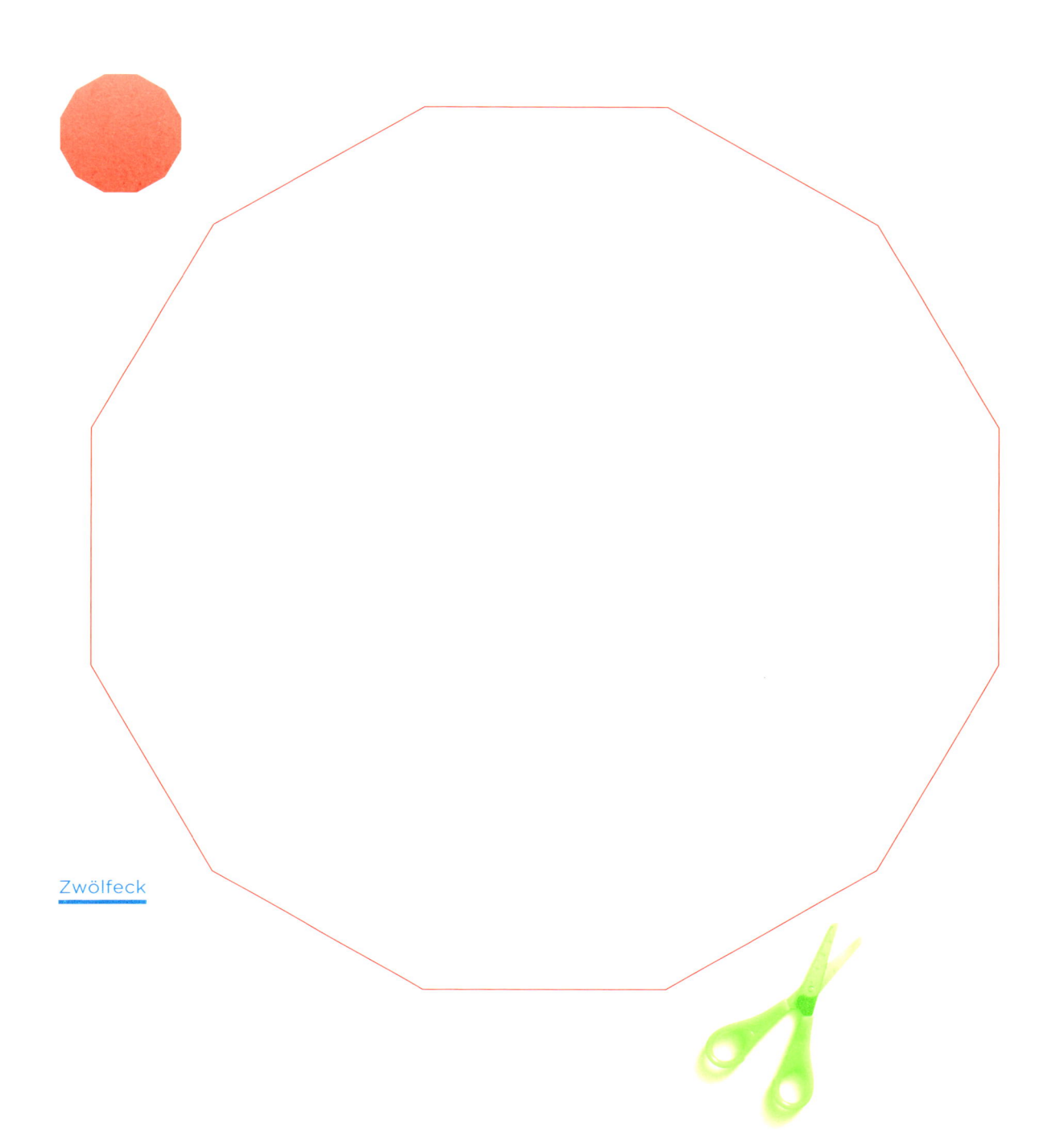

89

Zwölfeck

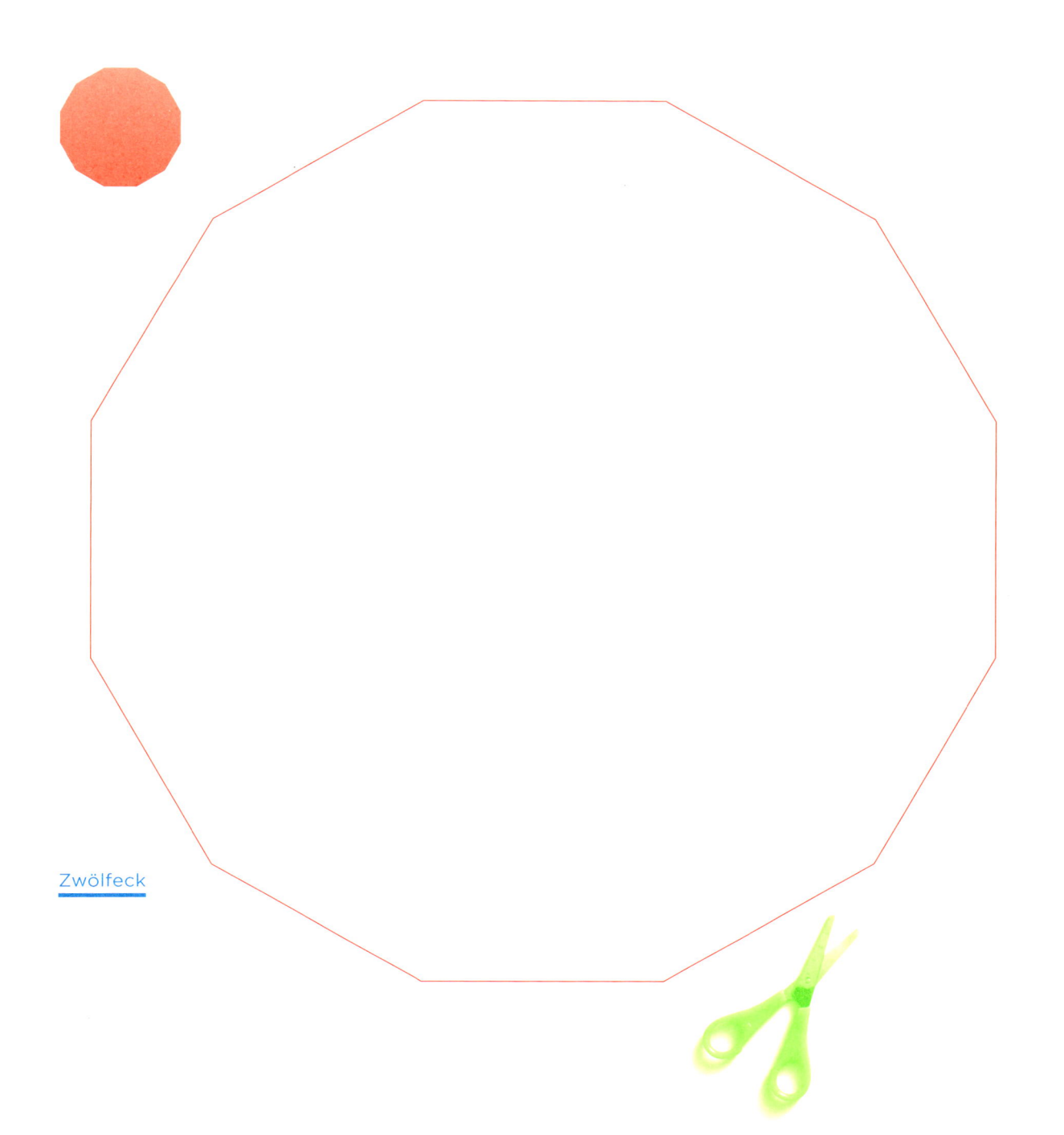

91

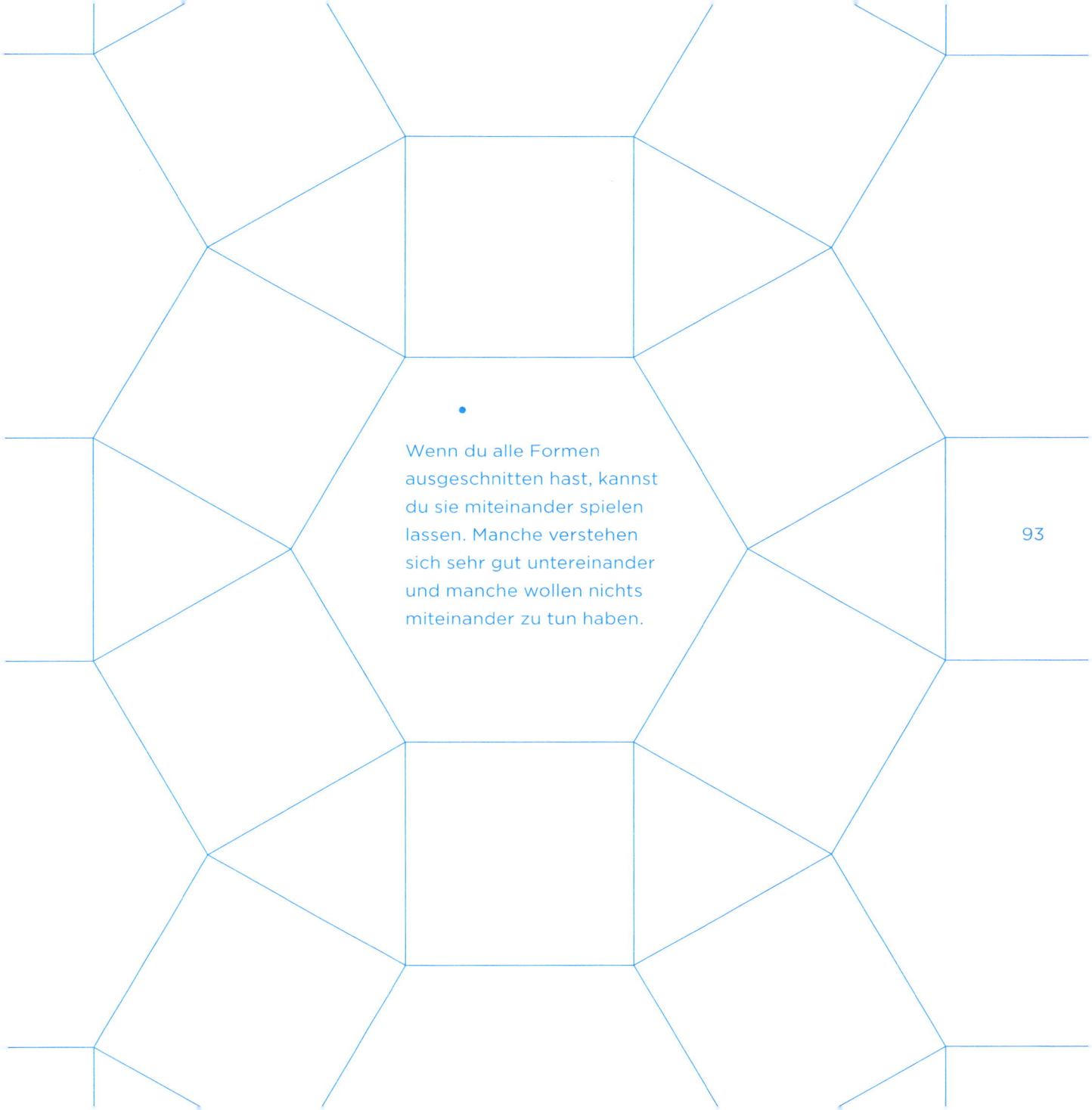

Wenn du alle Formen ausgeschnitten hast, kannst du sie miteinander spielen lassen. Manche verstehen sich sehr gut untereinander und manche wollen nichts miteinander zu tun haben.

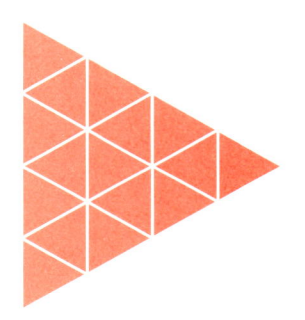

Dieses Spiel heißt Mosaik: Formen müssen sich so aneinander legen, dass keine Zwischenräume entstehen.

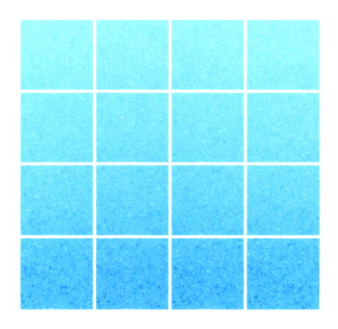

Dreiecke, Quadrate und Sechsecke schaffen es alleine, eine Fläche ganz ohne Zwischenräume zu bedecken.

Mit den ausgeschnittenen Legeplättchen kannst du viele geometrische Experimente machen.

Fünf, Acht- und Zwölfecke brauchen Hilfe von anderen Formen, um ihre Zwischenräume zu füllen.

Wer kann in den Zwischenräumen aushelfen?

95

A Quadrat
B Zehneck
C Sechseck
D Stern
E Dreieck

Lösung im Spiegel

96

Ecken, Ecken und noch mehr Ecken. Schluss damit! Schau, wie schön rund der Kreis ist!

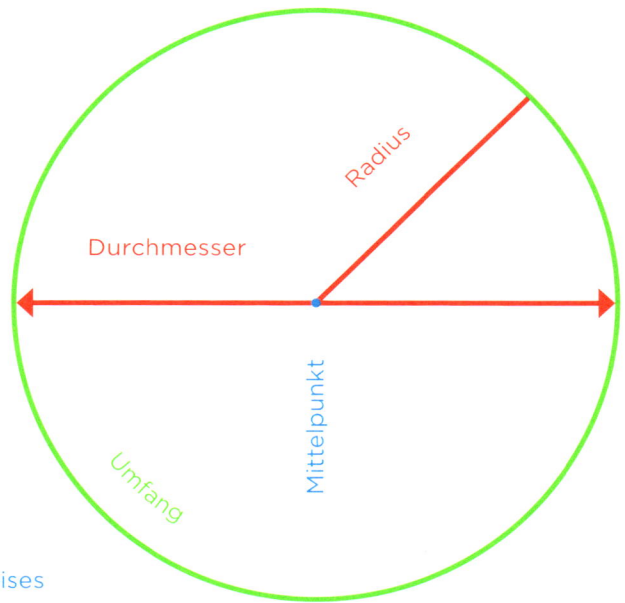

Radius

Durchmesser

Mittelpunkt

Umfang

97

Der Mittelpunkt des Kreises ist überall gleich weit vom Umkreis entfernt.

Dieser Abstand heißt Radius. 2 Radien ergeben einen Durchmesser.

Die Kreislinie heißt Umfang.

Kannst du auch Kreise zeichnen? Am besten geht das mit einem Zirkel.

Der Zirkel sucht sich einen Mittelpunkt und sticht sich fest. Rund um diesen Mittelpunkt zeichnet er einen Kreis.

Der Abstand zwischen den Schenkeln des Zirkels ist der Rad us.

Halte den Abstand des Zirkels ein und stich in den Umkreis ein. Der Radius passt genau 6 mal in den Umkreis, egal wie klein oder groß dein Kreis ist. So kannst du verschiedene Kreismuster konstruieren.

Seinen Namen hat der Zirkel vom lateinischen Wort circulus, das Kreis bedeutet.

99

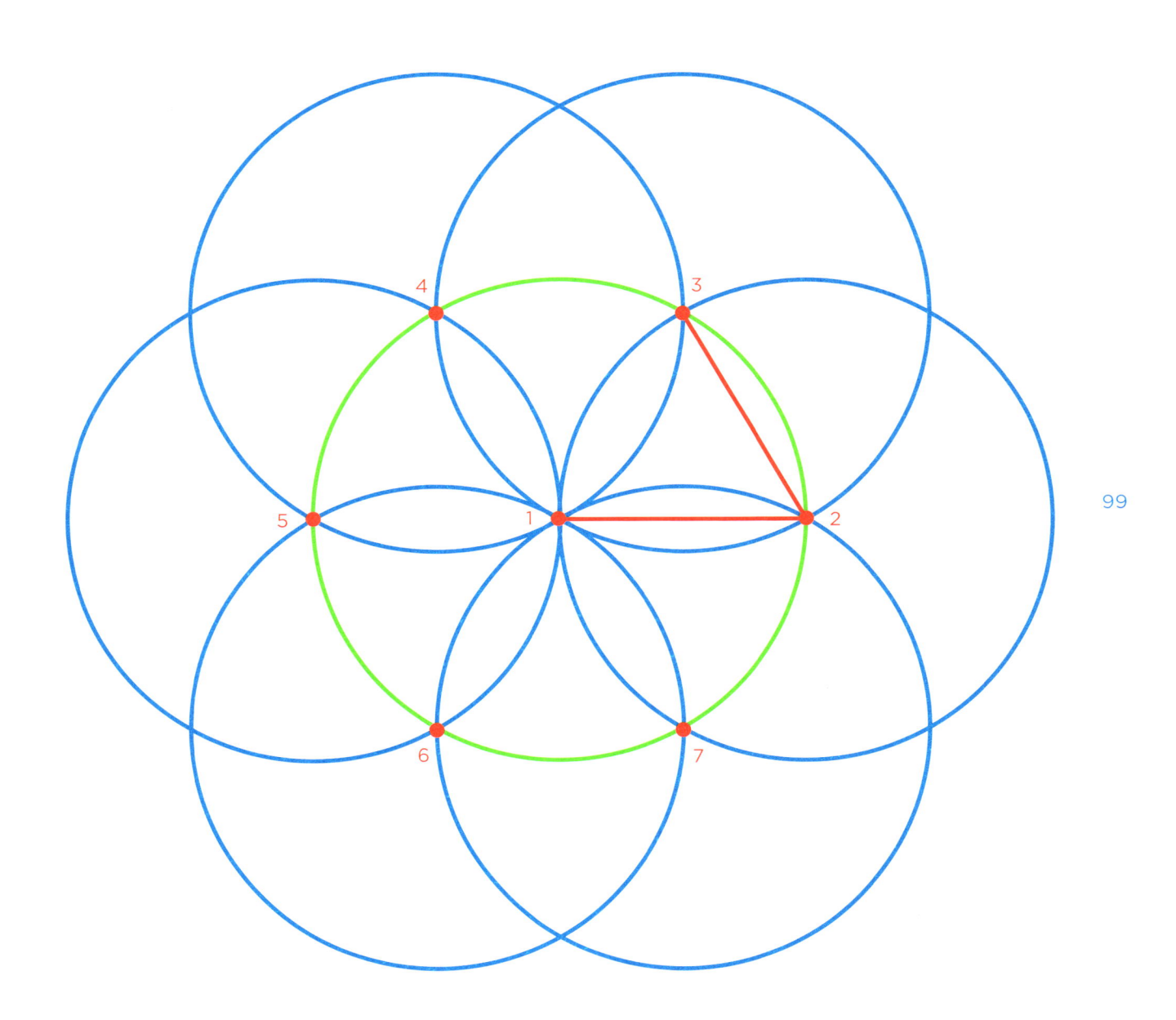

100   Hier kannst du deine Kreise kreisen lassen!

101

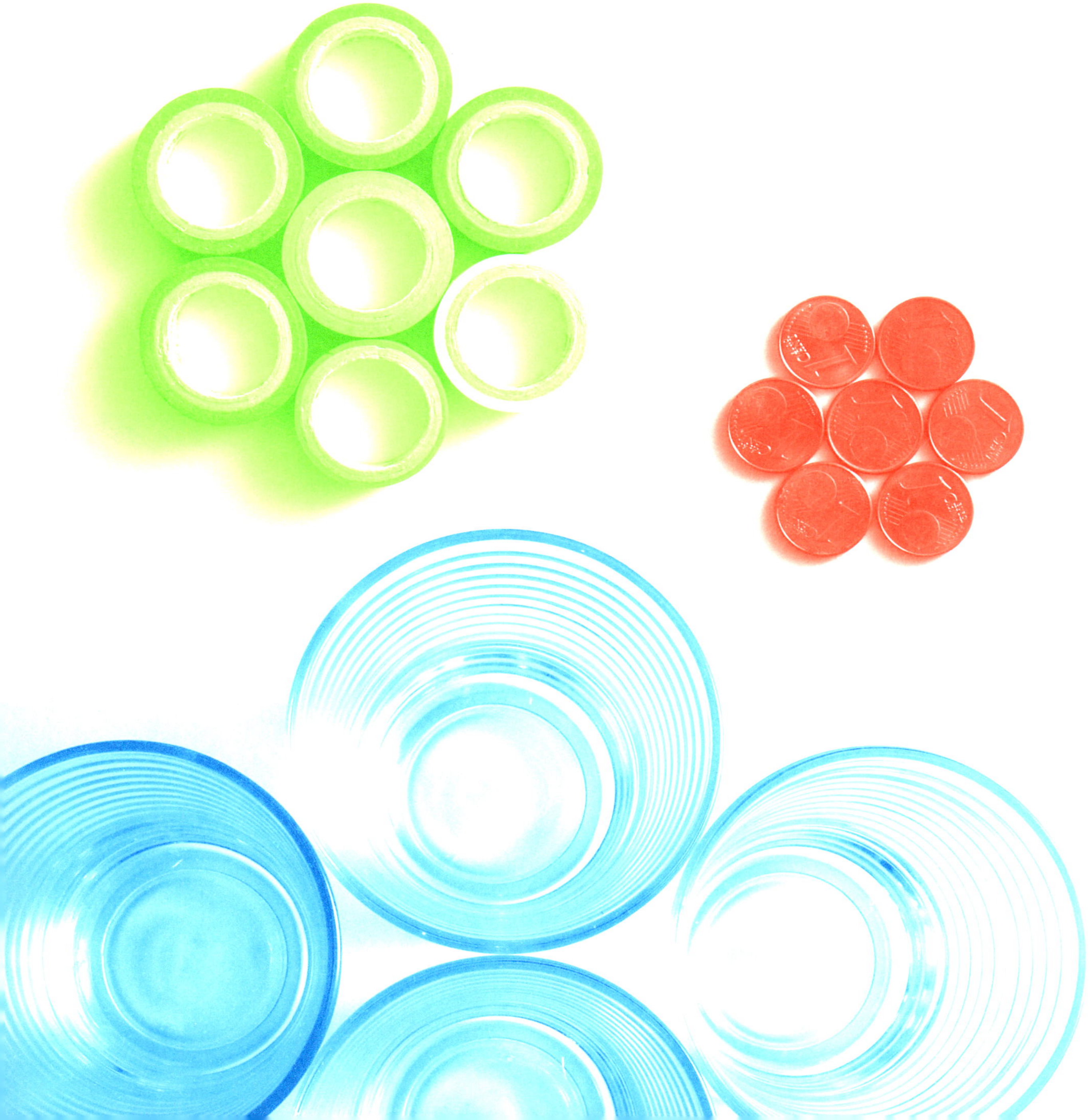

Die Welt ist kreisrund! 103

Spaziere einen Tag lang mit einer runden Brille durch deine Welt.
Hier ist Platz für deine runden Entdeckungen!

Linie, Fläche,
habt ihr auch Lust auf
mehr Tiefe?

Ja!

Klar!

links

Dann nichts wie rein in die dritte Dimension!

oben

rechts   unten
                              105
hinten

Tiefe

Körper   Höhe

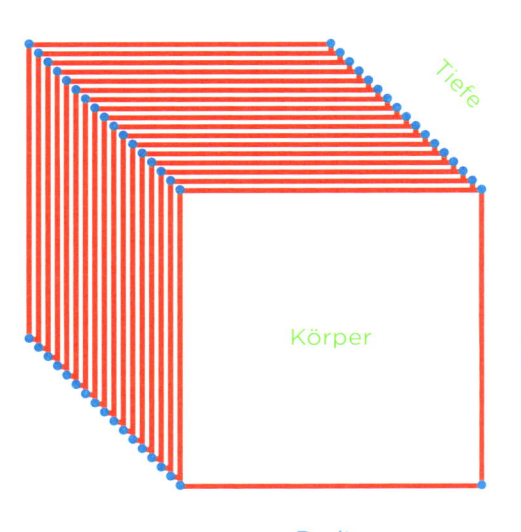

Breite   vorne

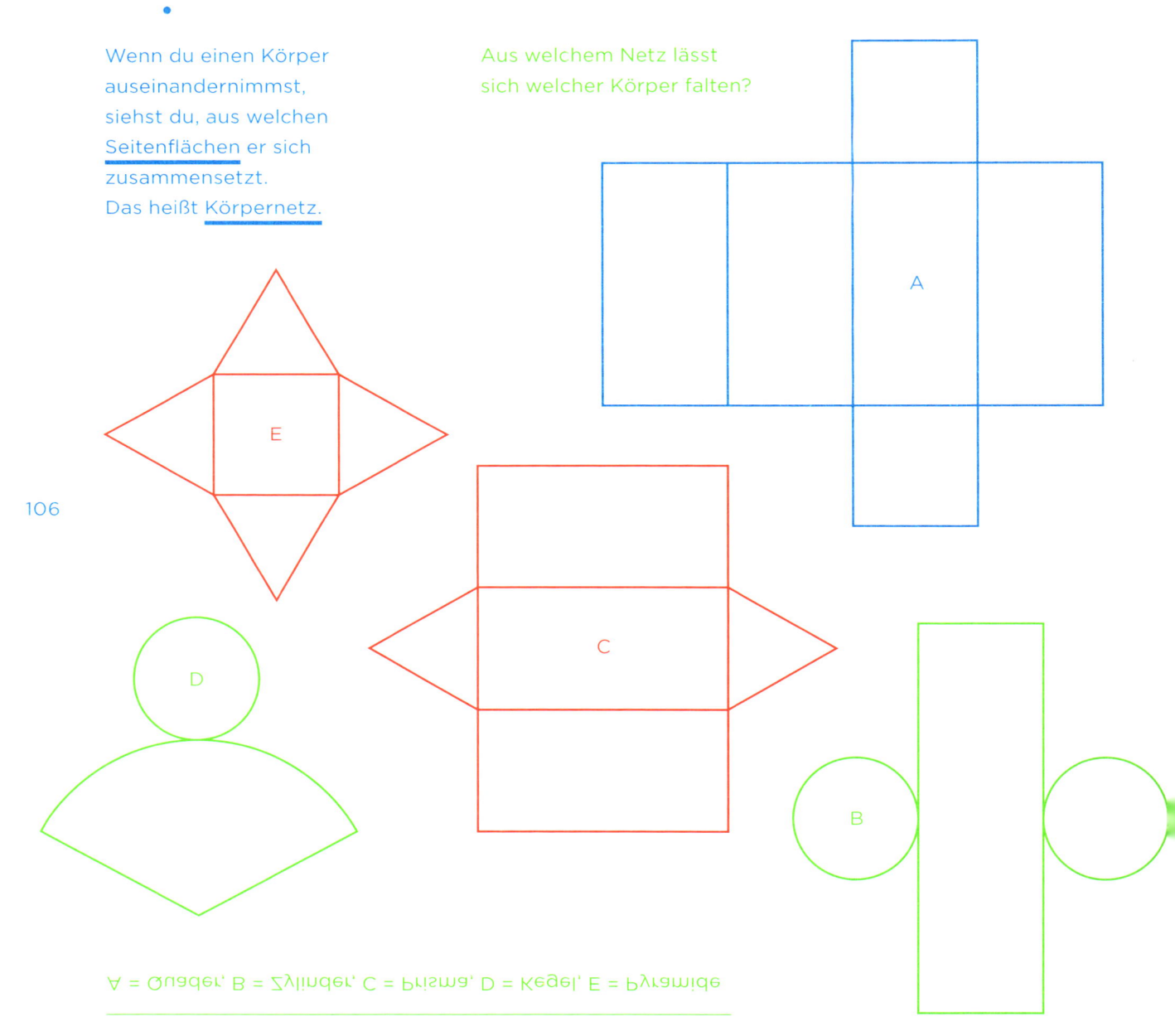

Wenn du einen Körper auseinandernimmst, siehst du, aus welchen Seitenflächen er sich zusammensetzt.
Das heißt Körpernetz.

Aus welchem Netz lässt sich welcher Körper falten?

A

E

D

C

B

A = Quader, B = Zylinder, C = Prisma, D = Kegel, E = Pyramide

Lösung im Spiegel

Pyramide

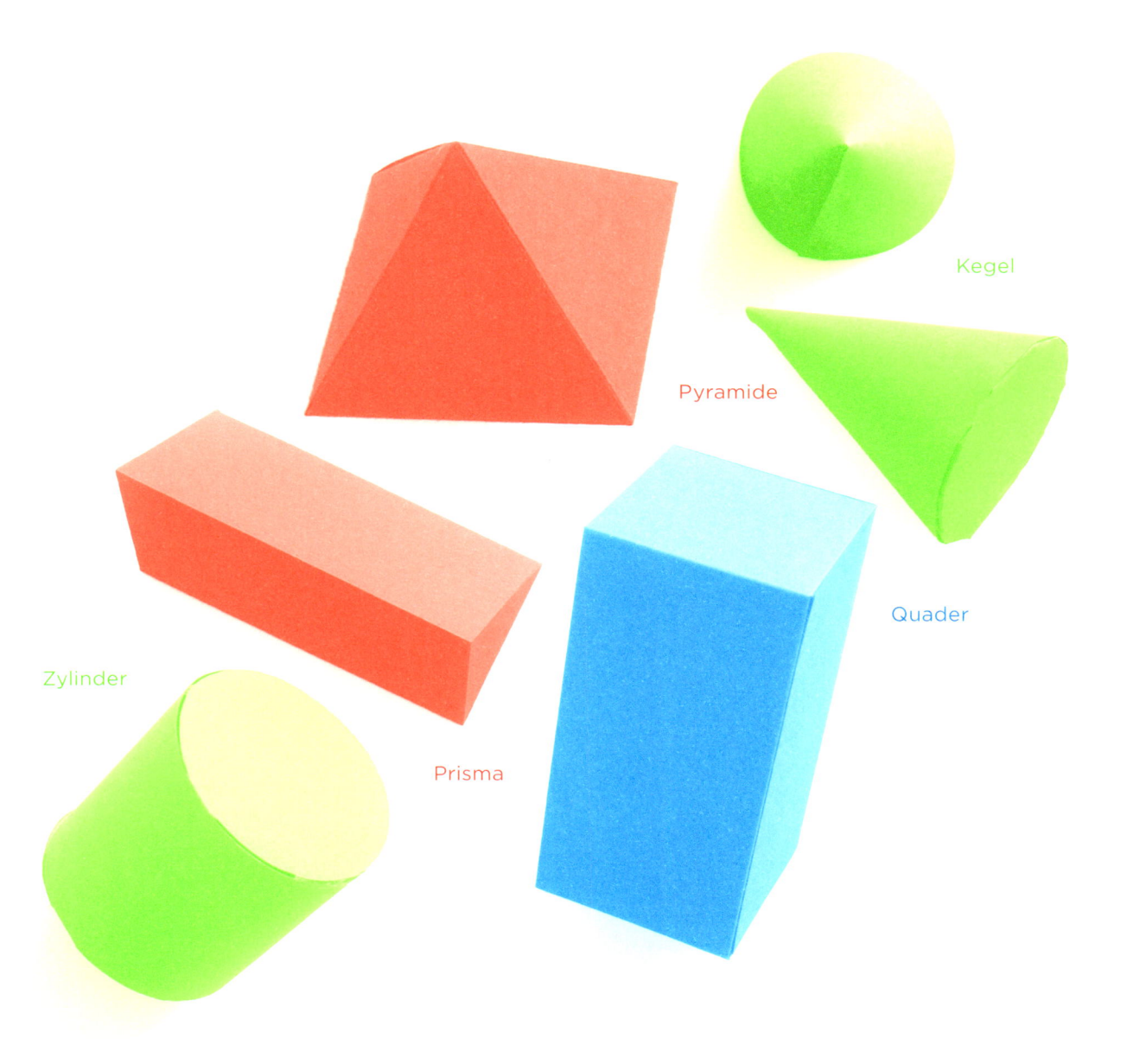

Kegel

Zylinder

Prisma

Quader

107

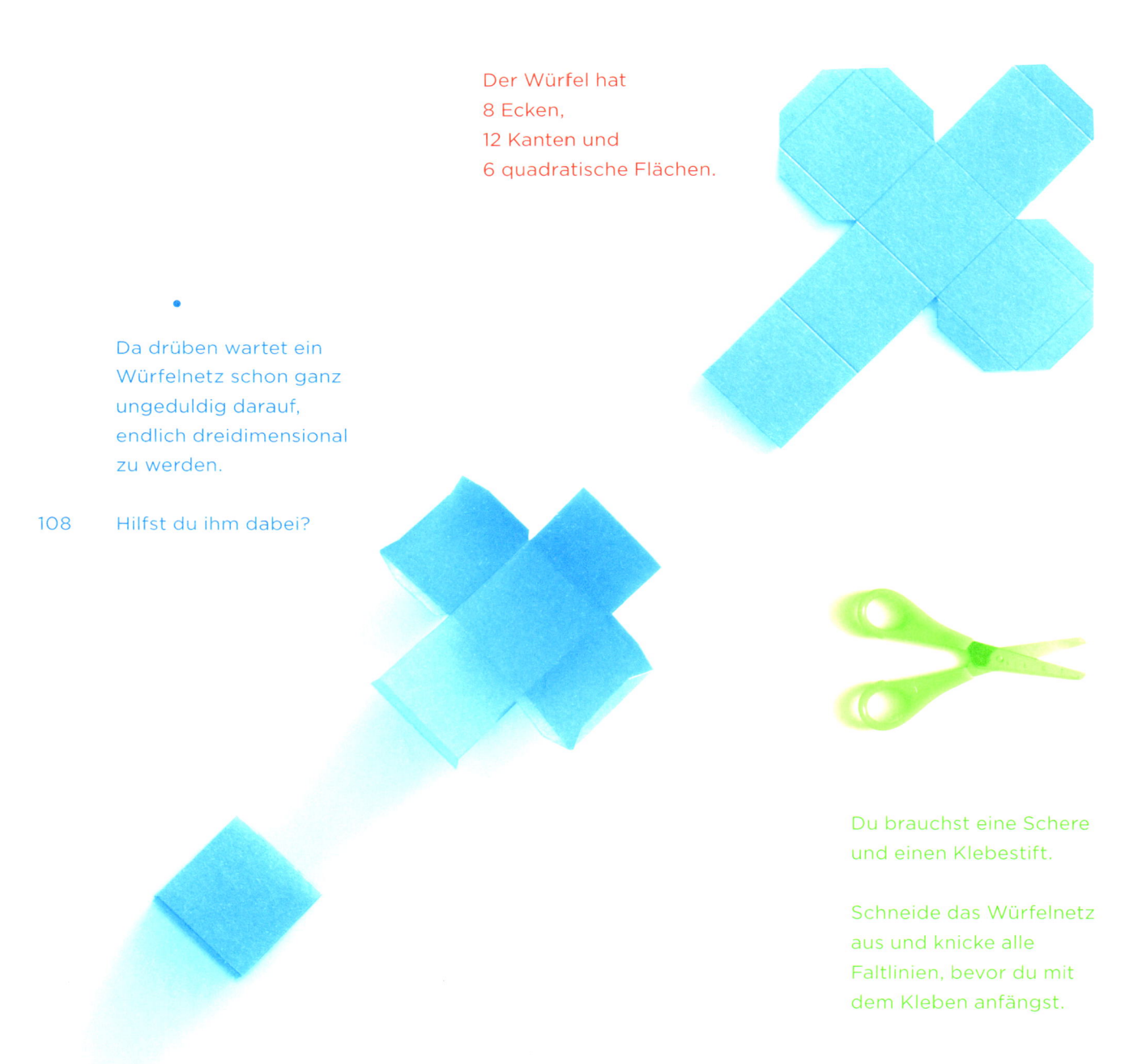

Der Würfel hat
8 Ecken,
12 Kanten und
6 quadratische Flächen.

Da drüben wartet ein Würfelnetz schon ganz ungeduldig darauf, endlich dreidimensional zu werden.

Hilfst du ihm dabei?

Du brauchst eine Schere und einen Klebestift.

Schneide das Würfelnetz aus und knicke alle Faltlinien, bevor du mit dem Kleben anfängst.

Würfel

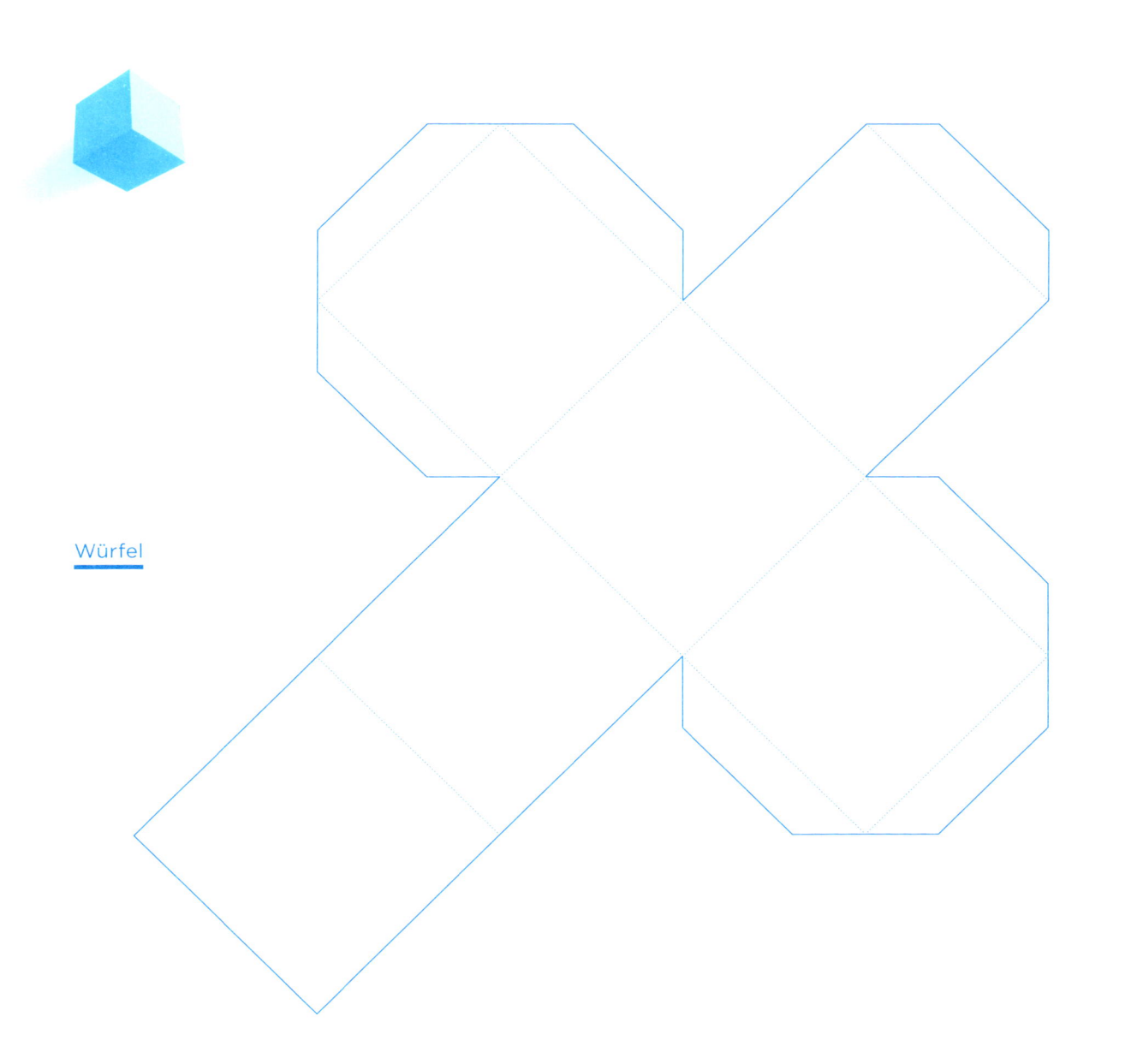

109

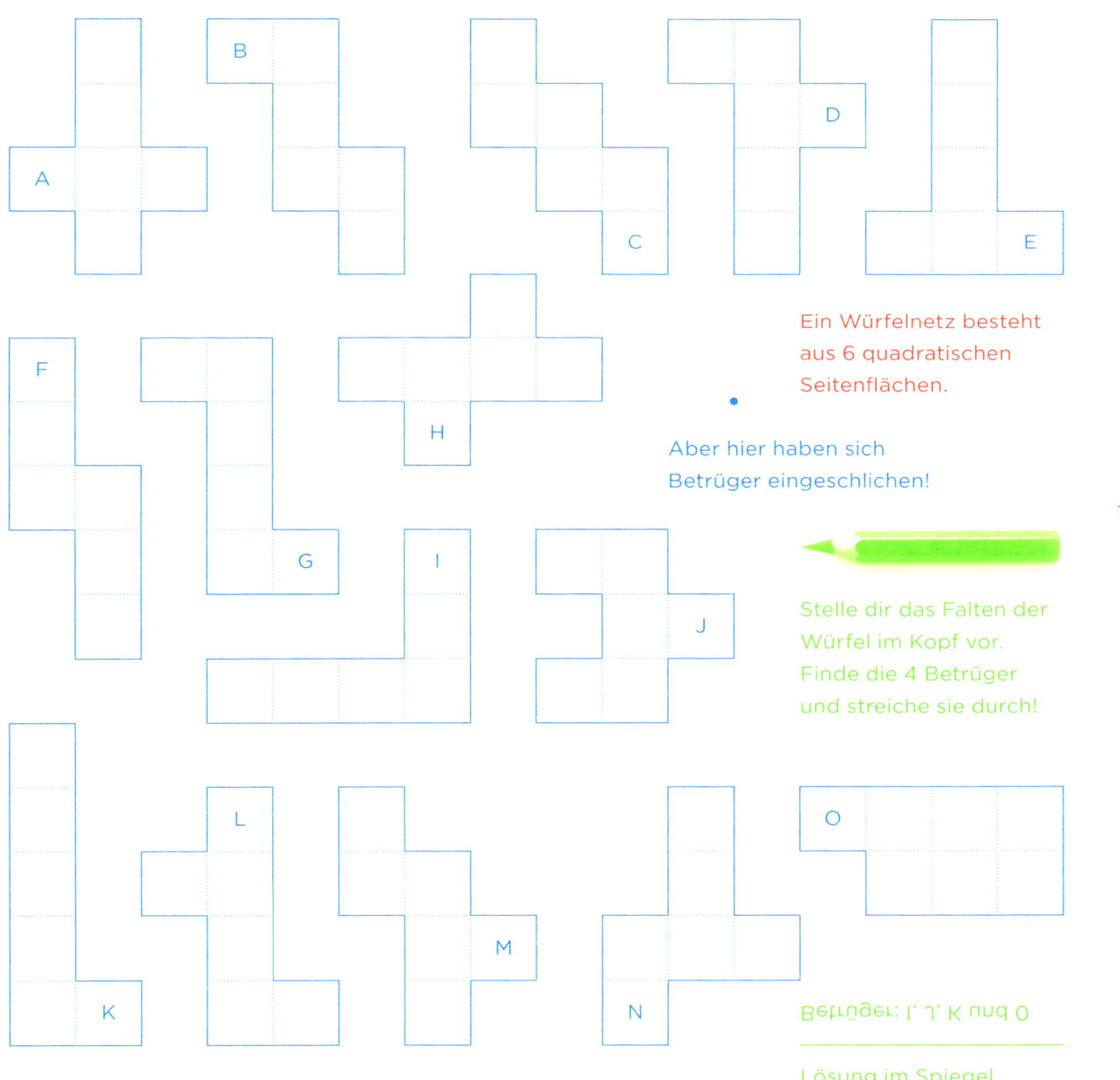

Ein Würfelnetz besteht aus 6 quadratischen Seitenflächen.

Aber hier haben sich Betrüger eingeschlichen!

Stelle dir das Falten der Würfel im Kopf vor. Finde die 4 Betrüger und streiche sie durch!

Betrüger: I, J, K und O

Lösung im Spiegel

Aus vielen kleinen Würfeln kannst du noch größere Würfel bauen.

Aus wie vielen Würfeln sind die Würfel hier zusammengesetzt?

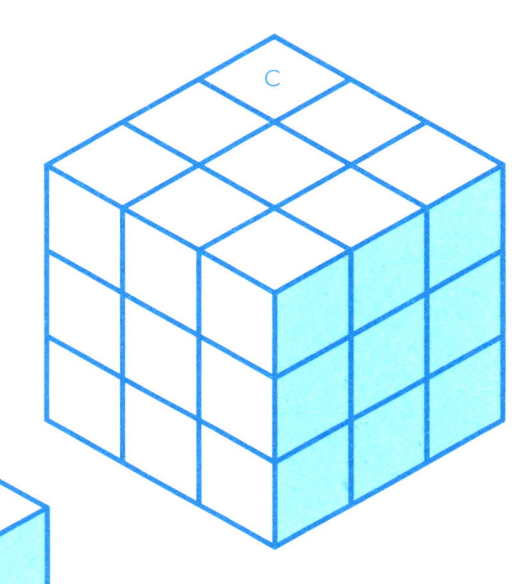

Wie viele Würfel fehlen hier noch zum großen Würfel?

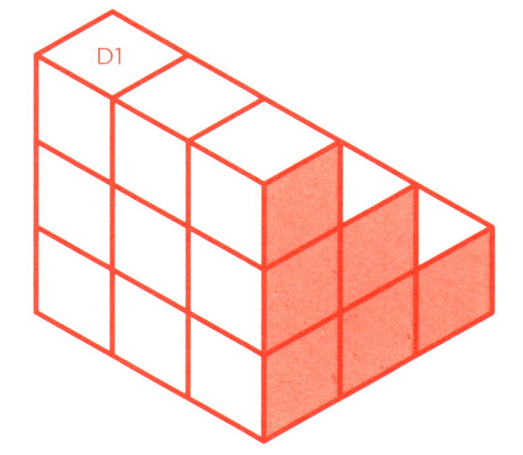

Lösung im Spiegel

A = 1 | B = 8 | C = 27

D1 = 9, 10, 11, 12, 13, 14 oder 15 | D2 = 13

Dies ist der Bauplan für das Würfelbauwerk.

3	3	3
2	2	
1		

Von der anderen Seite sieht das Würfelbauwerk so aus. Wie viele Würfel fehlen nun wirklich?

D2

Hier kannst du einen eigenen Bauplan entwerfen und das Bauwerk zeichnen.

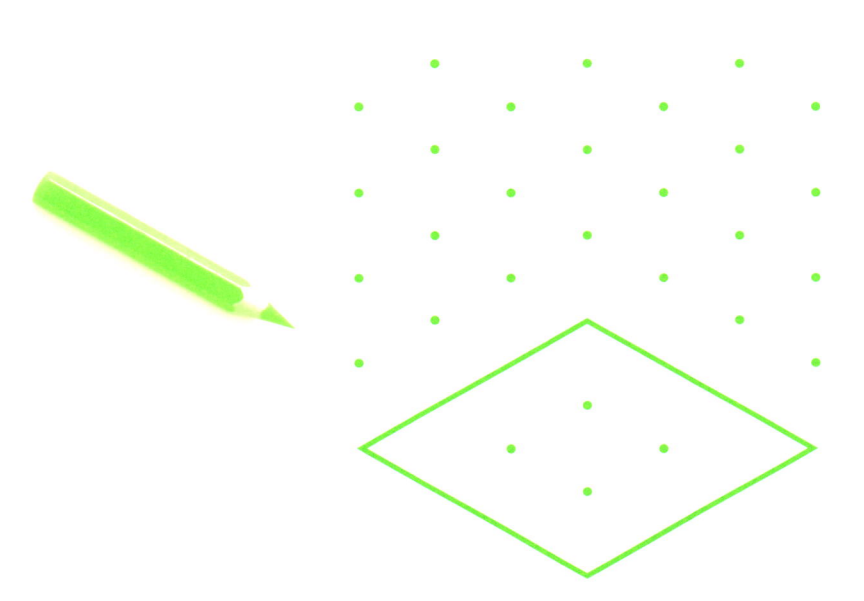

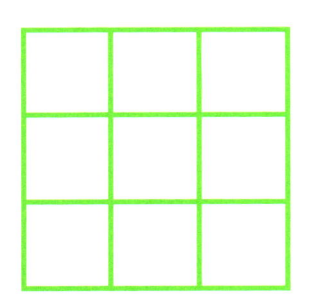

114　Hier ist Platz für deine Bauwerke!

115

Der Würfel ist ein regelmäßiges Polyeder.

Ikosaeder
20 Dreiecke

Würfel
6 Quadrate

Es gibt 5 regelmäßige Polyeder.

Alle Flächen haben die gleiche Form, alle Ränder sind gleich lang und alle Winkel sind gleich groß.

Welche 3 Körper sind aus der gleichen Fläche zusammengesetzt?

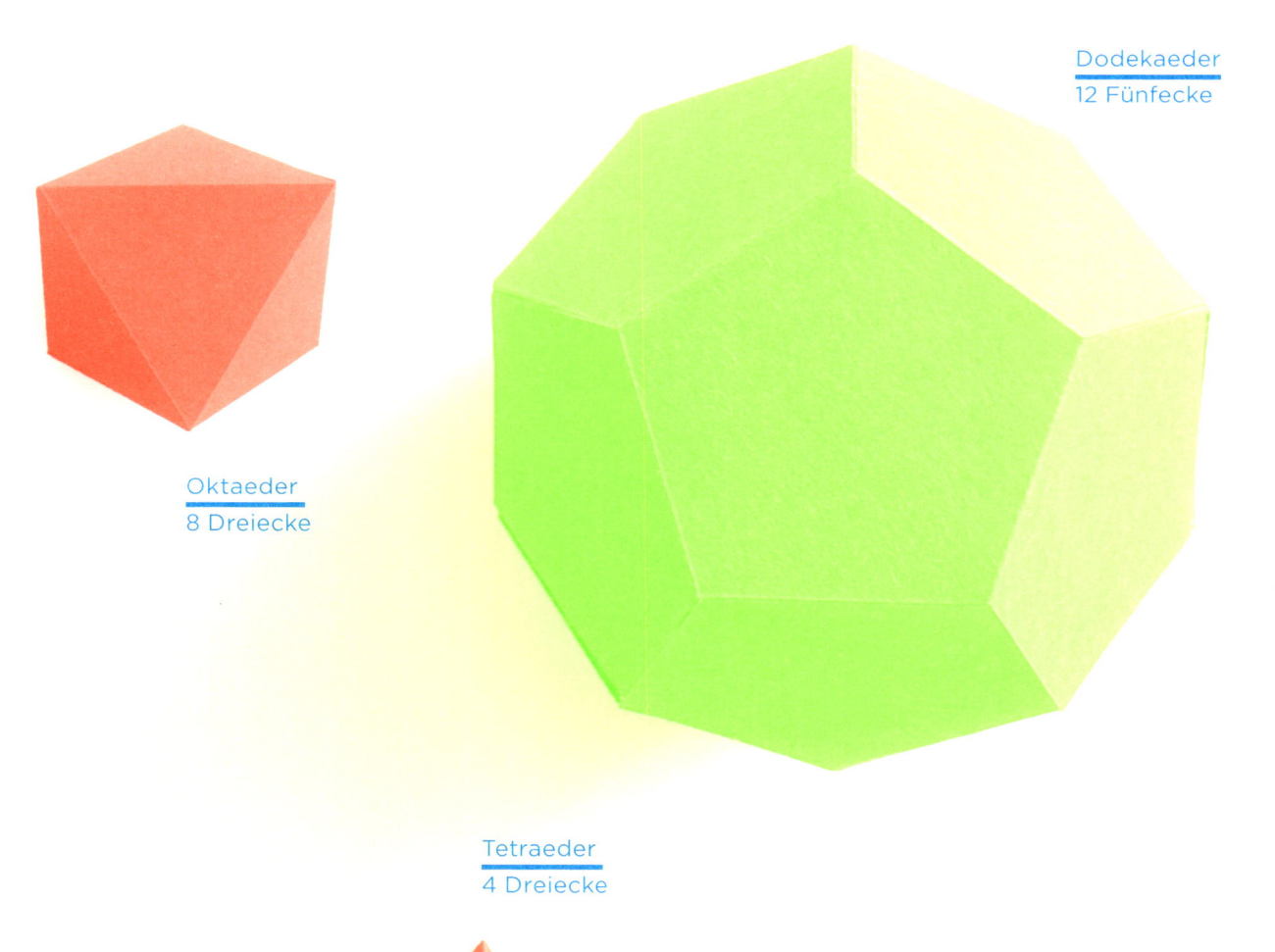

Dodekaeder
12 Fünfecke

Oktaeder
8 Dreiecke

117

Tetraeder
4 Dreiecke

Ikosaeder, Oktaeder und Tetraeder

Lösung im Spiegel

Dies ist nur etwas für Geometrie-Spezialisten wie dich!

Bald sind wir am Ziel unserer Reise durch die Welt der Geometrie.

Nun steht dir noch eine besonders kniffelige Aufgabe bevor: 5 flache Körpernetze wollen in dreidimensionale Körper verwandelt werden!

Du brauchst Schere, Kleber und geduldige Hände. Vielleicht hilft dir jemand beim Zusammenkleben, wenn dir die Hände ausgehen.

Tipp: Am besten knickst du erst alle Faltlinien, bevor du mit dem Kleben beginnst.

Tetraeder

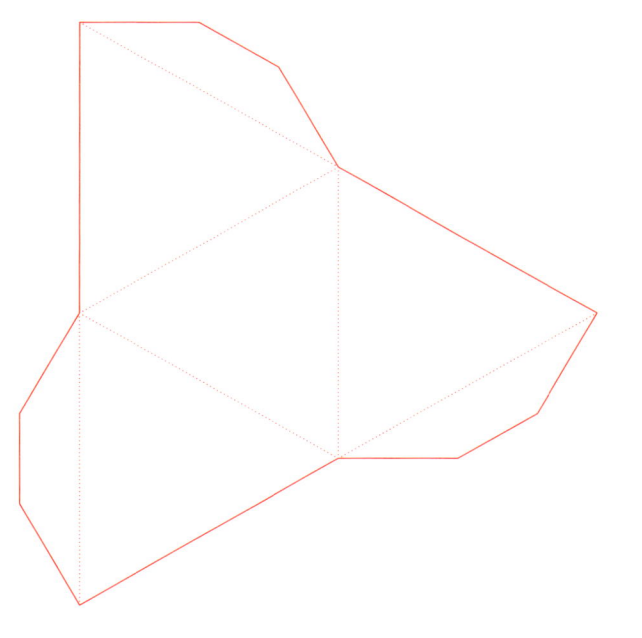

Würfel

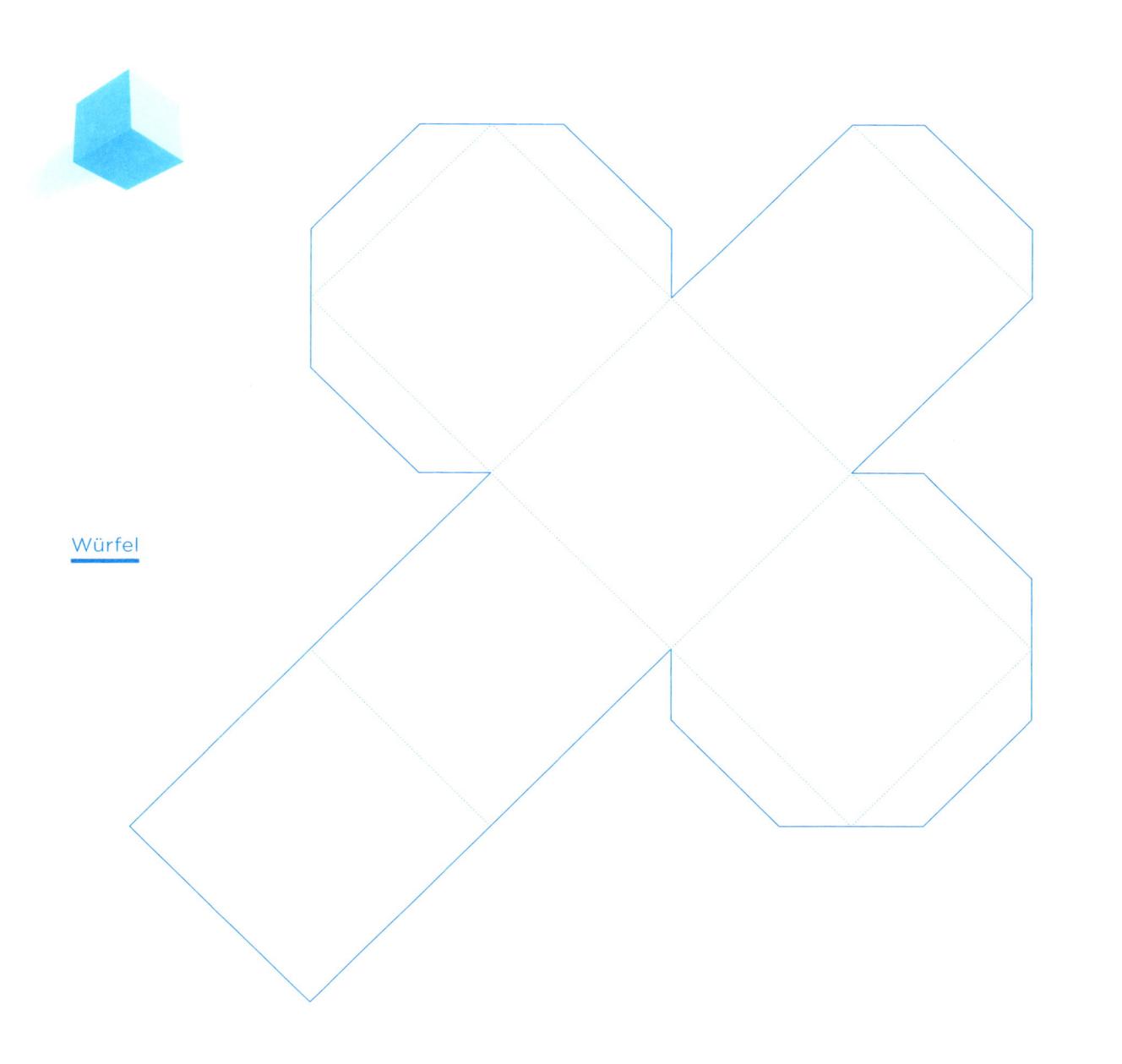

Oktaeder

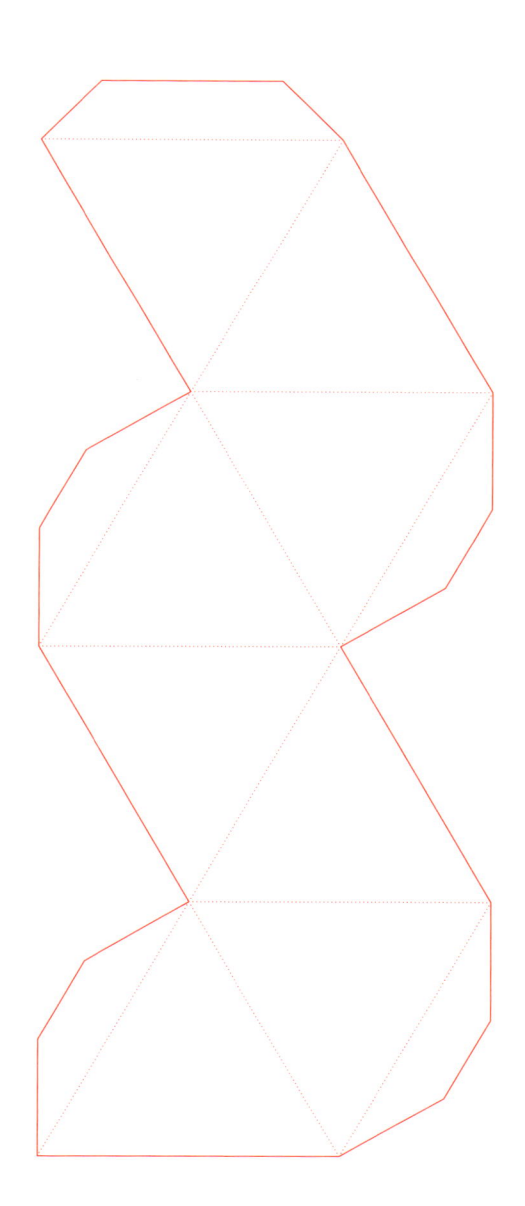

123

Dodekaeder

Ikosaeder

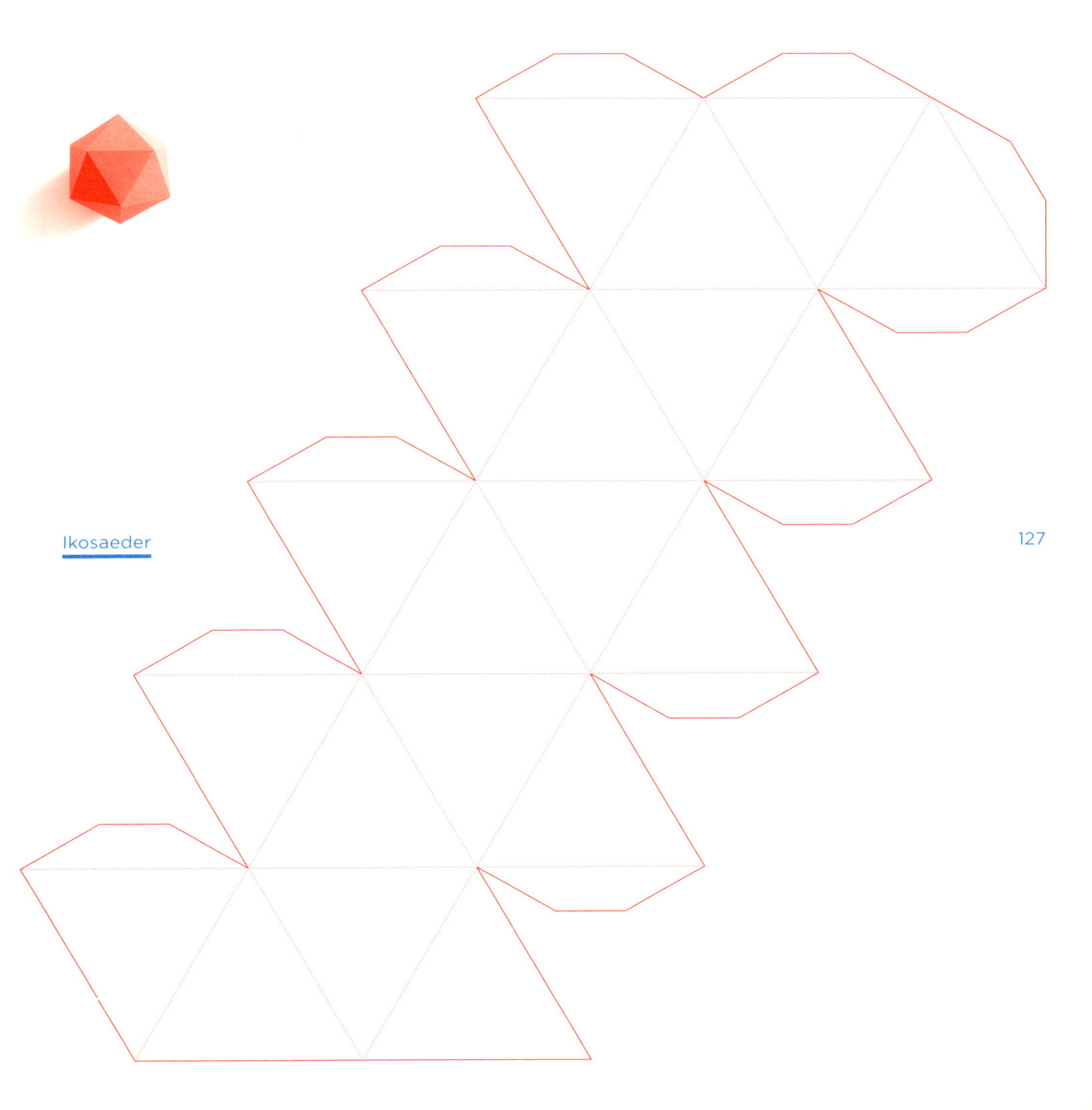

127

Je mehr Ecken, Kanten und
Flächen ein Körper hat,
umso ähnlicher wird er einer ...

... Kugel!

Doch nur die Kugel
kommt als einziger drei-
dimensionaler Körper
mit nur einer Fläche aus.

Kugeln kugeln.
Darum ist es schwierig,
sie festzuhalten.

Besonders gut kugeln
Bälle, Murmeln, ...
Fällt dir noch etwas ein?

Von ganz, ganz weit weg
betrachtet ist auch
die Kugel nur ein winzig
kleiner Punkt.

Wie ich!

Jetzt kannst du wieder
von vorne beginnen,
mit deiner Reise durch
die Welt der Geometrie!

Diese Reise durch die Welt der Geometrie konzipierte und gestaltete Christina Schmid im Rahmen ihrer Abschlussarbeit im Studiengang Kommunikationsdesign an der HTWG Konstanz. Das Buch schien in keine bestehende Verlagsschublade zu passen, bis wir, Marina Gärtner und Ephraim Ebertshäuser, es für unseren kleinen, feinen Verlag Prima. Publikationen entdeckten.

Im Dezember 2013 starteten wir den Versuch, dieses Buch über die Crowdfunding-Plattform Startnext zu finanzieren. Mit Hilfe von 176 BuchliebhaberInnen wurde das Projekt Wirklichkeit. Dank ihrer Unterstützung hältst du nun ein Exemplar der ersten Auflage in deinen Händen.

218 / 500

Unser Dank gilt allen, die von Anfang an an das Buch geglaubt und das Projekt unterstützt haben. Ihr seid prima!

Mit Freude erwähnen wir an dieser Stelle all jene, die die Option zur namentlichen Nennung gewählt haben: Benjamin Philipp Ebertshäuser, Matthias Müller, Sofie & Christoph, Marvin, Sarah Mrusek, Margret & Johannes Röhrenbach, Spielplatzpaten für Mettmann, Pete Semmel, Jakob Rauscher, Woody, Simon & Silvia & Nils & Linda Ebertshäuser, Salome & Myriam & Lea Schmid, Prof. Karin Kaiser, Tatjana Schmischke, Kai Sören Kotzian (Offenbach), M. Rothenbacher.

Wir danken dem Erfinder des Geodreiecks® Aristo für die großzügige Spende von 500 Geometrie-Dreiecken.

Auf der Reise zum fertigen Buch haben uns liebe Menschen begleitet, bei denen wir uns hiermit herzlich bedanken: Jutta & Hans-Ulrich Ebertshäuser, Gabriele Gärtner & Adolf Kern, Regine Grammlich, Jakob Rauscher, Gerhard Ruß, Harald & Sabine Schmid, Jochen Stuible, Olaf Ziegler, Copy Shop West Stuttgart und alle fleißigen Flyerverteiler.

Geometrische Schneidevorlagen und mehr:
www.punkt-zur-kugel.de

Christina Schmid
Vom Punkt zur Kugel und zurück –
Komm mit auf eine Reise durch die Welt der Geometrie

Prima.Publikationen, Stuttgart

Konzeption & Gestaltung: Christina Schmid
Lektorat: Textbüro Rosendahl
Schrift: Gotham Book
Papier: Munken Pure Rough 150 g/m², FSC-zertifiziert
Druck: Offsetdruckerei Grammlich GmbH
Druck Umschlag: Graffiti Siebdruck GmbH
Bindung: Lachenmaier GmbH
Printed in Germany.

© 2014 Prima.Publikationen & Christina Schmid
www.primapublikationen.de • www.christinaschmid.de

Alle Rechte vorbehalten. Dieses Buch oder Teile dieses Buches dürfen ohne schriftliche Genehmigung des Verlages nicht vervielfältigt, in Datenbanken gespeichert oder in irgendeiner Form übertragen werden. Dies gilt auch für Intranets von Schulen und sonstigen Bildungseinrichtungen.

Die Inhalte dieses Buches sind von der Autorin und dem Verlag sorgfältig erwogen und geprüft, dennoch kann keine Garantie auf Richtigkeit und Vollständigkeit übernommen werden.

1. Auflage 2014
ISBN: 978-3-00-045319-9

Von der Crowd finanziert über Startnext.